我的宠物书

新手养猫秘籍

铲屎官爱宠问题全解

原版引进自
SB Creative

［日］壹岐田鹤子 著

崔灿 译

铲屎官甜蜜的烦恼：小萌物变成了磨人精

中国农业出版社
CHINA AGRICULTURE PRESS
北 京

前　言

　　猫和狗无疑都是最受大众欢迎的宠物。近年来，从欧美到日本，宠物猫咪的饲养数量都在不断攀升。日本宠物食品协会的调查显示：近年来，在日本，猫的饲养数量达到960万只，狗的饲养数量达到1 186万只。猫不用像狗那样要出去遛，在空间比较小的地方也可以饲养；有人本身就是"爱猫达人"，爱猫胜于一切，在他们眼中，猫咪具有无与伦比的魅力。

　　猫咪既温顺亲人又高冷独立，喜欢亲近人类，但有时也会展露十足的野性，既可以是活宝又可以行动优雅，集万千姿态于一身。对于爱猫人士来说，猫咪的魅力真是让人欲罢不能。但是随着养猫数量的上升，**为猫咪的问题行为而头痛不已的主人也在增多**。

　　宠物狗在公共场合乱叫、展示攻击性或者撕咬其他狗狗和人，总是会增加社会对宠物问题行为的关注度。狗狗的主人或咨询兽医，或是急忙把狗送进驯犬学校，如果在这个基础上还解决不了的话，很有可能就要放弃养狗的念头了。

　　和狗狗的问题比起来，可能很多人会以为猫咪的问题行为远没有那么严重。目前，在室内饲养的猫占养猫总数的

80%，再加上近年来猫咪和人的关系越来越亲密，猫咪随地大小便、宠物之间打架、攻击主人等类似的问题行为屡见不鲜，发展到对主人日常生活造成困扰的也不在少数。如果主人不知道该到哪里咨询解决，很可能会把猫咪当成负担，始乱终弃，造成很不好的后果。

要想理解猫咪的本意，回应猫咪的要求，给它们提供满意的幸福生活，必须抓住小细节，这才是解决猫咪问题行为的突破口，可对其问题行为防患于未然。喵星人出现问题行为一定是有原因的，在主人呵斥训责之前，请不要忽视猫咪发出的细微信号。

本书旨在讨论实际生活中猫咪出现的多种问题行为、发生的原因及可采取的对策。笔者会将自己亲自处理治疗的猫咪问题行为作为例子写进书中。但是，"千人千面，百猫百性"的说法也并非言过其实，这也是喵星人会让主人魂牵梦绕的魅力所在。即使用同一种方法处理，不同的猫咪因秉性、气质不同，反应也会千差万别。所以主人也要根据宠物的个体差异选择适合自己的解决猫咪问题行为的方式，需要花费的时间也很难一概而论。

一般来说，问题行为持续的时间越短（主人越早采取对策），解决问题所需的时间也会越短。但是切忌焦躁，欲速则不达。要抱着和喵星人比耐心的态度循循善诱，在试验、失败与不断摸索中一定能找到解决方式。

目前已经在养猫并且发现宠物问题行为的主人，可以直接阅读书中关于方法对策的部分以对症下药；如果是准备养猫的人士或者正在饲养且想提前防范猫咪问题行为的朋友，则可以从头开始阅读，应该能从中得到启发。第六章是针对猫咪经常出现的问题行为总结出的实践对策。如果还有让主人头疼的问题行为，但在书中并未列出的，阅读本书也会对主人有参考借鉴的价值。

如果本书能帮助正在被以下类似问题所困扰的主人，如"我们家的猫是不是不太正常""为什么家里的猫会这样做呢"，能让主人和爱猫的生活变得舒适、平静、安乐，我将非常欣喜。如果幸福快乐的喵星人和主人越来越多，那么本书的目的就完全实现了。

最后，衷心感谢为本书献上生动可爱插图的ms-work和科学书籍编辑部的石井显一先生。

壹岐田鹤子

作者简介

壹岐田鹤子（日）(Dr.Tazuko Iki)

兽医。自神户大学农学院毕业之后就职于航空公司等，之后赴德留学。2005年毕业于慕尼黑大学兽医学部，获得博士学位。之后就职于慕尼黑大学兽医部动物行为学系，研究动物的行为治疗学，同时专门研究猫咪的压力激素与行为之间的关系。自2011年起成为兽医，专门解决小动物的行为问题。

没有小零食吃，就不听话吗？

咬主人是在小瞧主人吗？

新手养猫秘籍：铲屎官爱宠问题全解

目录

第1章

猫咪的问题行为是指什么

1-1 猫咪的问题行为是指什么

　　在室内随地上厕所、和一起生活的猫咪打架、在家具上磨爪、咬爪子、半夜大声乱叫……这些都是猫咪"让人头痛的行为"，也是经常被列出的"问题行为"。

　　但是这些真的都是问题行为吗？

　　上述行为其实属于猫咪的天性和习惯，与其说是问题行为，倒不如说是主人不希望出现的会给其造成不便的行为更准确。

　　请您想象一下在大自然中生活的野猫的基本行为有哪些吧。

　　猫的基本行为是指以吃饭为目的的捕食、进食行为，让身体休息的睡眠行为，上厕所的排泄行为，与其他猫咪和人类交流而调动听觉、视觉、嗅觉和身体等的社会行为，侦察窥探周围的探索行为，传宗接代的繁殖行为，整理身上的毛、让自己愉悦的安抚行为等。

　　在自然界，猫咪在树上磨爪一点问题也没有，但是家中养的猫咪在沙发上磨爪估计就会让主人看不惯了。主人的脚在桌子下面乱晃，猫咪以为是自己的猎物，于是一下跳起来扑上去，这也是让主人头痛的问题行为吧。

　　养在室内的猫咪做出在自然界中非常正常的行为时，如果被主人看作是"**有问题**"，那就是主人自己的问题行为了。

猫咪的基本行为

抓捕

捕食、进食行为

喵

休息行为

嚼嚼

小可爱

社会行为

排泄行为

打滚

安抚行为

繁殖行为

探索行为

猫咪的基本行为多种多样，是否是"问题行为"取决于主人的观点

😺 问题行为和异常行为的区别

如果严格定义，需要把问题行为、异常行为（比如反复、无意义的刻板行动等），以及主人不希望出现、对主人来说不合适的行为明确区分开。

重度刻板行为以及神经等原因引起的强烈不安、突然的攻击性行为等是脑内的神经传达物质（血清素、去甲肾上腺素、多巴胺）调节失常引起的。对于这样的情况，有必要对这些物质进行药物调节治疗，应该及时向专业的兽医咨询就诊。

然而，一般我们所说的问题行为是指主人不希望出现、会给主人造成不便的行为，这些都属于猫咪的正常行为。主人错误的反应经常给猫咪造成困扰，让猫咪会错主人的意。主人应该深刻理解猫咪的行为，掌握一定的知识，从精神和身体方面给猫咪充分的理解和关爱，为宠物创造舒适的生活环境，这样，很多问题行为都可以迎刃而解。

问题行为的定义以及解决的流程

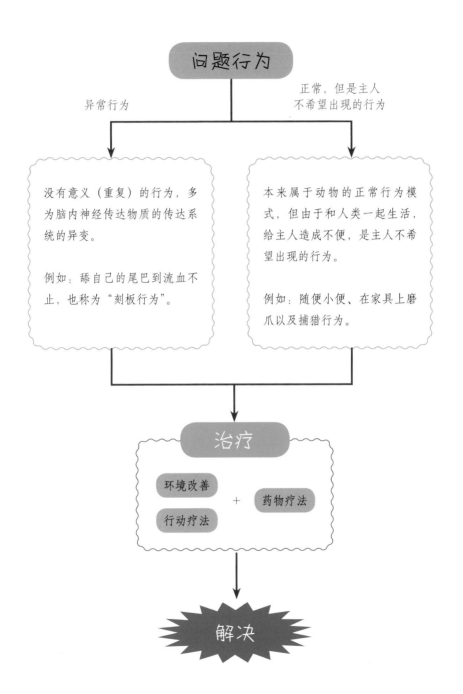

问题行为

异常行为

正常，但是主人
不希望出现的行为

没有意义（重复）的行为，多为脑内神经传达物质的传达系统的异变。

例如：舔自己的尾巴到流血不止，也称为"刻板行为"。

本来属于动物的正常行为模式，但由于和人类一起生活，给主人造成不便，是主人不希望出现的行为。

例如：随便小便、在家具上磨爪以及捕猎行为。

治疗

环境改善

行动疗法

＋

药物疗法

解决

1-2 引发问题行为的原因① ——身体疾病与压力

😺 身体疾病

如果怀疑饲养的猫咪出现问题行为，首先请务必到经常就诊的兽医处检查宠物是否患病或受伤。为什么猫咪会出现问题行为？可能是因为猫咪感到某处疼痛或奇痒难忍；或者是猫咪步入老年，关节和视力、听力衰退；抑或是猫咪有隐藏的疾病和伤痛。

特别是当猫咪突然出现问题行为时，主人千万不要呵斥，首先要想到猫咪可能是哪里疼痛，比如膝关节疼痛，它就没办法蹲在厕所，所以会出现在厕所以外的地方大小便的情况。如果主人在猫咪身体出现疼痛时去摸它的话，也有的猫会威吓主人或展示攻击性。宠物猫和狗不一样，即使哪里出现疼痛，它也很少叫出来，更多时候会选择蹲在某处藏起来，所以主人常常会忽视它。

另外，随着猫咪医学的进步、饲养者对宠物健康管理意识的提高以及宠物知识的增加，近年来，老龄猫的数量也在增多，有的猫咪会出现认知机能障碍症状。这种认知机能障碍会导致猫咪出现如下的症状：渐渐忘记厕所的位置甚至忘记时间；半夜毫无目的地乱叫；在同一个地点没有目标、心神不安地走来走去；忘记已经进食，死乞白赖地不停让主人喂食。

猫咪健康状况的变化体现在每日的状态和行动的细微差异中。除了和猫咪朝夕相处的主人外，其他人是没办法注意到这些细微变化的。因此，与猫咪亲密的接触、观察猫咪的行动对猫咪的健康管理非常重要。

身体患病可能也是问题行为的原因

隐藏疼痛的猫咪远多于宠物狗

也有因为认知障碍而变得健忘的情况

猫咪上了年龄，也会和人一样出现认知机能障碍

🐾 压力山大

现代社会可以说是一个压力社会。相信很多人都有这样的感觉："最近真是压力山大，身体也不太舒服。"事实上，在强大的精神压力下，很多人都有食欲下降、失眠的经历。尽管压力这样的词汇已成为家常便饭，但是要给压力一个定义却非常困难。

压力是指生物体受到**紧张性刺激**而引起自律神经系统、内分泌神经系统和免疫系统的连锁反应后出现的状态。

身体对外界刺激的反应，会释放"发生紧急事件"的信号，这个信号流过的路径是自律神经中的交感神经和视丘下部—脑垂体—副肾轴。于是身体会释放肾上腺素、去甲肾上腺素以及皮质醇这样所谓的"压力激素"，同时，心率、血压和血糖值上升，肌肉也会变得紧张。身体呈"**战斗状态**"来对抗压力，以这种方式努力让身体再次处于平衡状态。

一般所说的压力，经常是指外界的刺激根源和对压力的反应。

如果压力过大或者长期处在压力下、超出个人能够承受的范围，会使人免疫力下降，容易生病，生殖力下降，陷入抑郁的状态中难以自拔，这不只表现在生理上，从行动上也能明显表现出来。

压力不是只有人类才有，猫咪也同样存在压力。喵星人喜欢规律正常的生活。如果出现预料之外、自己无法控制或环境突然改变的情况，比如搬家、家里有小孩出生、有新猫咪加入或者一家人长期不在等，猫咪都会倍感压力。

猫咪对于环境细微的差异，比如主人下班回家时间的变化、不规则的喂食时间、家中有客人拜访（特别是小孩儿）、噪声、**主人自身的压力**等都能敏感地觉察到。和同时饲养的猫咪之间的不安定关系带来的紧张与不安、周围不断乱窜的野猫带来的不安全感，这些压力也很

普通压力和长期的慢性压力的区别

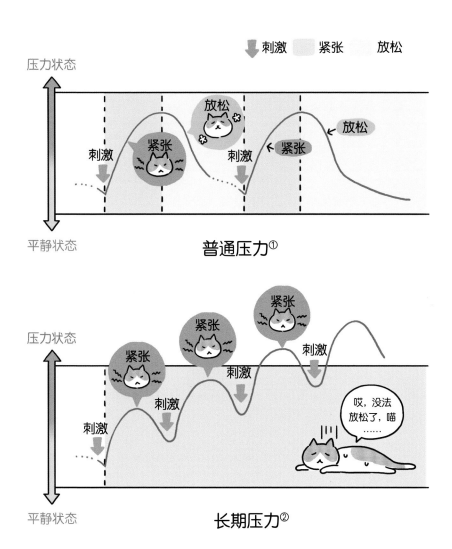

①把身体的平静状态作为标准状态，通常看来，即使有了刺激，产生压力，压力的紧张感也会逐渐有所缓和，重新回到平静状态
②产生压力的刺激在回到平静状态前一直持续，长期处于压力之下（慢性压力状态），回归平静状态的难度加大。这样下去会导致猫咪身心疲惫，行动出现变化

容易引发猫咪的问题行为。

长期处在慢性压力下，不仅会让猫咪出现问题行为，还会引发其身体疾病，比如膀胱炎之类的泌尿系统疾病。

产生压力的原因以及适应压力的能力与猫咪的个体有关。一般来说，家里访客多，对胆小的猫咪来说真是压力山大；但是心态良好，可以换个心情欢迎访客的猫咪也是有的；另外，有的猫咪不管发生什么都不会心神不宁。所以，要从猫咪的反应来判断其实际压力程度，虽然这并不容易，还是请主人从平时的日常点滴中留意喵星人压力的征兆。

另外，压力也并非一定是坏事。要想在一定程度上保持抗压的能力，日常生活中适当的压力也是必要的。

▌压力的征兆

- 猫咪的探索行为、玩耍以及和人接触的时间与平时相比是否减少了？
- 梳理毛的时间是否骤增或骤减？
- 休息时间是否减少？
- 食欲是否有变化（减少或食欲旺盛）？
- 是否不喜欢人摸它，逃避和人或者其他猫咪的接触，藏起来静静待着的时间是否增加？

常见的形成压力的原因

环境原因

搬家以及家具布置的更换

气温（过冷或过热）

噪声（施工等）

气味（洗洁精、香水）

令猫咪不满意的休息场所、厕所以及磨爪处等

饮食（不规律的饮食、对食物的味道和质量不满意）

无聊、沉闷、毫无刺激的环境

社会原因

新猫加入或和一起生活的猫咪关系紧张

野猫的出没（透过窗户看到或者闻到气味）

寻找伴侣（没有做绝育或避孕手术）

家族成员的变化（主人结婚或小孩儿出生）

和主人的关系问题（过分照料或缺乏照料）

主人自身的压力以及家庭内部的紧张气氛

生病

身体生病

去宠物医院

1-3 引发问题行为的原因②
——社会化程度不足、环境与遗传因素

😺 社会化程度不足

　　刚出生的小猫易受各种环境影响，会经过四个成长阶段步入成年猫的行列。其中第二个阶段的过渡期和第三个阶段的社会化期合称为"猫的社会化期"（出生后2～8周）。这个阶段，小猫通过和母猫以及自己的兄弟姐妹亲密接触、互动游戏来学习。

　　这个时期的猫咪容易适应社会环境，如果能充分调动其五官感受（视觉、听觉、嗅觉、触觉与味觉），让猫咪吸收各种环境的刺激，接触各色人（男女老幼）和其他动物，那么小猫长大之后就能适应各种状况。

　　如果小猫很早离开母亲，跟人类生活在一起，虽然应该更容易亲近人类，但是建议至少让小猫在出生后8周内（最好是12周）与母猫及兄弟姐妹在一起生活。这样，猫咪不仅之后能和其他猫处好关系，而且性

充分的社会化是非常重要的

猫和狗也可以关系很好

格温和，精神安定，与人类亲近的可能性也更大。

当然，小猫在出生12周内要和人类充分接触，也要和其他动物多接触，这样会减少猫咪害怕它们（比如狗）的概率和捕获猎物（比如老鼠和小鸟）的情况。

🐾 小猫的行动发展阶段

• 新生期（第一阶段）：出生后两周内

小猫出生后7天左右终于可以睁开眼睛，14天左右会完全睁开，耳朵也会听到声音。这个阶段的小奶猫还无法调节体温，没有猫妈妈是不能生存的。

刚出生

刚出生的小奶猫

• 过渡期（第二阶段）：出生2～3周

这个阶段，小猫逐渐可以调节体温，迈出小脚丫摇摇晃晃地学步了。它们开始长小奶牙，嗅觉也完全发展，除了母乳之外开始在玩耍中模仿吃其他食物。

• 社会化期（第三阶段）：出生后4～8周

小猫出生第四周，视觉和听觉已经完全发展，也慢慢可以自己排尿。与此同时，它已经可以很好地掌握身体平衡，运动机能也得到完全发展。在探索外界、和兄弟姐妹玩耍的过程中，它学到了很多东西，开始吃固体的食物，逐渐脱离母乳喂养，展现出与生俱来的捕食技巧。这个阶段小猫吃的食物与未来其饮食喜好有很重要的联系。**在这个与同类伙伴、其他动物以及人类相处的社会性发展时期**，小猫所经历的事物会对其之后的行动产生至关重要的影响。

出生4～8周是决定猫咪
性格等方面非常重要的
时期

● **幼年期（第四阶段）：出生后9周开始至7～9个月**

在性成熟前的这个时期，猫在与其他同类和人类相处的社会性方面进一步定型。在没有大环境变化和身体疾病的前提下，猫咪的性格几乎不会发生大的改变。

有大人的样子了

性格等方面大致定型

🐾 性格是天生的还是后天培养出来的

究竟是遗传因素（天生）还是环境因素（后天）对猫咪的行为影响更大呢？1973年与康拉德·洛伦兹一起获得诺贝尔生理学或医学奖的荷兰动物行为学家尼古拉斯·廷伯格曾阐述过这样的观点："动物的行动是受百分之百的遗传因素，还有百分之百的环境因素影响的。"动物的行为是在环境和遗传因素相互作用下发展的。

一般来说，如果猫咪在没有刺激、无聊沉闷的生活环境下成长，想要探求的欲望得不到满足，出现问题行为的概率会提高。然而即使是在完全相同的环境下养出来的猫，有些也并没有出现问题行为，因此，是否会出现问题行为与猫咪的个体的差异、气质和遗传等因素有非常大的关系。

比如，即使猫咪在社会化时期与人有友好的接触，但还有一些猫咪没办法习惯，一碰到人就胆小害羞。在这点上，猫咪爸爸的遗传因子影响更大。

把猫爸爸分成与人亲和与人疏远两类。幼崽即使在同样的条件下饲养，与人疏远的猫爸爸的孩子，就算没有和爸爸接触过，不认识爸爸，也很难与人亲近。与此相反，与人亲近的猫爸爸的孩子也似乎遗传了爸爸的特点，容易亲近人类。在繁殖培育过程中，不仅要考虑猫妈妈的影响，猫爸爸的气质和性格也要考虑。

猫咪的种类似乎也和问题行为的频率有关。研究结果显示：波斯猫较易在厕所以外的地方排泄；暹罗猫和阿比西尼亚猫较多展现出对人类和其他同类的攻击性行为；暹罗猫和缅甸猫咬不能吃的东西（比如毛）的概率要超出其他品种。

环境和遗传都会对猫咪产生巨大影响

环境因素

遗传因素

周围环境的刺激、与其他猫咪以及人类的接触学习经历

猫咪的品种、猫妈妈和猫爸爸集成的个体遗传基因

相互作用的同时

对猫咪的行为有非常大的影响

问题行为的治疗是指什么

想必有不少饲养猫咪的主人都会有这样的疑问：究竟兽医是怎么治疗问题行为的？事实上，30年前还没有问题行为之类的说法，也还没有开始考虑治疗问题行为吧。

在欧美国家，大家认识到："很多宠物都是因为问题行为被主人遗弃，进而被安乐死的。"所以从1980年开始，在问题行为的预防和治疗上已经取得了积极的进展。虽然现在德国治疗问题行为的兽医在增多，但是对宠物问题行为的认识仍然不足，错误信息的蔓延以及不合适的处理方式都让形势不容乐观。

宠物和人类一样，身体疾病、心理疾病不能同行为的改变分开来看。从事一般诊疗的兽医对宠物的心理和问题行为有着正确的知识储备，如果能给主人提供指导和建议，就能有效地预防猫咪的问题行为。

治疗问题行为时需要确认猫咪的出生经历、气质、有无其他宠物及它们之间的关系、进食的地点和次数、厕所的情况、主人家庭构成、住宅状况、每日生活流程、病例等因素；详细询问问题行为开始的时间和原因，以及问题行为发生的频率、猫咪的表现和遇到问题行为时主人的态度等关键点；判断环境是否满足猫咪的需求，根据房间布置的平面图，记录猫咪厕所、磨爪处、睡觉的场所、吃饭的地点以及进行标记行为的场所。

兽医根据上述所有信息进行分析诊断，根据环境的改善、行动疗法和场合，配合使用辅助性药物疗法，制订治疗方案。

实施这个方案还是要靠猫咪的主人，需要主人**对猫咪有深刻的理**

解、耐心和爱。专业从事治疗问题行为的兽医能做的事情是有限的，他不可能一直陪在主人身边。在这种情况下，请参考以下处理方法改善环境，尝试做主人力所能及的事情。

治疗问题行为的大致流程

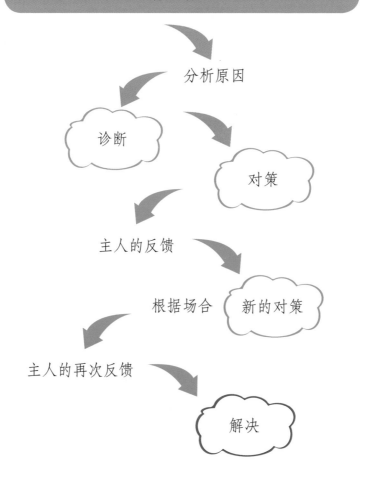

出现问题

确认调查问卷的内容和房间布置平面图，仔细聆听

分析原因

诊断

对策

主人的反馈

根据场合 新的对策

主人的再次反馈

解决

房间布置图能为兽医提供参考

家庭房间的布置等最好让兽医过目

🐾 找兽医看病时的问卷

找兽医咨询问题行为的解决方法时，如果能提前做好以下问卷并拿给兽医看，对于解决问题行为十分有用。

问卷

姓名：　　　　　　　　　地址：

　　　　　　　　　　　　填写日期：　　年　　月　　日

◆关于猫咪的一般性问题

猫咪的名字

品种

毛的颜色

年龄

性别

体重

绝育（未做过手术、已做完手术）

避孕（未做过手术、已做完手术）

对于已做完手术的猫咪，手术是何时进行的？手术后猫咪在行动方面有没有变化？

猫咪是从哪里得到的？当时猫咪多大？养猫的动机是什么？

猫咪之前被几个人饲养过？饲养的方式是什么？

您目前饲养过的猫咪数量是多少？

最后一次去宠物医院是什么时候？

（如果有的话）到目前为止猫咪得过什么病？

如果现在猫咪在吃药，请写出药品名称。

关于猫咪的性格，请勾选合适的形容词

☐安静　☐胆小　☐神经质　☐活泼好动　☐友好

☐脸皮厚　☐不认生　☐其他

◆关于猫咪生活环境的问题

您的家庭结构是（性别、年龄）怎样的？

最近出现过搬家或家族结构改变的情况吗？

主要负责照顾猫咪的人是谁？

给猫咪喂食的人是谁？

您是完全在室内饲养猫咪吗？

如果是的话，以前猫咪有过外出的情况吗？

如果不是完全室内饲养，猫咪每日在外面的时间大约有多久？

猫咪每日独自在家的时间是多长（主人不在家的时间长度）？

请描述一下住房情况（房间数、面积）。

猫咪能自由出入的房间有哪些？

猫咪如果能去院子或阳台，请问其面积是多大？

有猫咪喜欢藏在里面的房间吗？

猫咪进食的地方是哪里？

猫咪食物的种类以及吃食的次数是怎样的？

（如果有的话）猫咪最喜欢吃的食物是什么？

猫咪有捕食过其他动物（比如老鼠）吗？

◆关于猫咪社会环境的问题

猫咪有玩具吗?

您和猫咪玩游戏吗?

每天和猫咪玩耍、摸猫咪或者给猫梳毛的时间有多长?

猫咪害怕访客吗?

如果有特别让猫咪害怕的东西,请列出来。

您有饲养其他的动物吗?(种类、年龄、性别、开始饲养的时间)

如果同时饲养多只猫咪,请写出所有猫咪的年龄、性别和开始饲养的时间。

猫咪之间相处的关系如何?请描述。

在问题行为发生之前,请勾选出下列符合猫咪之间关系的词语。

☐关系很好　☐有镇压／威吓的情况　☐追赶／躲避

☐吵架　☐互不关心　☐其他

在问题行为发生之后,请勾选出以下符合猫咪之间关系的词语。

☐关系很好　☐有镇压／威吓的情况　☐追赶／躲避

☐吵架　☐互不关心　☐其他

◆关于猫咪排泄行为的问题

使用猫咪厕所吗？

排泄后猫咪扒猫砂吗？

猫咪厕所的个数以及放置场所如何？

猫砂的种类是什么？

每日取出排泄物的次数是多少？

全部取出更换猫砂的频率是怎样的？

请在房间的布置图中标出厕所位置、喂食喂水的地点、睡觉地点、磨爪场所及目前排泄的地点。

猫咪有在厕所外排泄的情况吗？

□一次都没有　□一个月有一次左右　□大约一周一次

□一周数次　□几乎每天都有

如果有这样的情况，请回答以下问题。

猫咪排泄的主要场所是哪里？

在厕所外排泄时猫咪是站姿还是坐姿？

◆关于猫咪的问题行为

猫咪主要表现出的问题行为是什么？

您第一次看到这个行为是什么时候？

当时您采取的行为是什么？

猫咪出现问题行为的频率是怎样的？

您认为出现频率有增加的倾向吗？

您知道出现问题行为的原因是什么吗？

请详细描述最初出现问题行为的情况。

请列出至今您采取的对策有哪些。

对您来说，爱猫现在的问题行为到了很严重的地步吗？

□非常严重　□严重　□一般　□有一点　□一点都不

选择"非常严重"和"严重"的主人，下面哪一项给您造成的影响最大？

□对另一半以及家庭关系的影响　□对整体日常生活的影响

□对上班时间的影响　□其他

知识链接

 德国的养猫情况

在德国，不管走到哪儿都能看到狗的身影，狗的良好教养给人留下了深刻的印象。但事实上，在德国，宠物排名第一的却是猫（820万只），排名第二的才是狗（540万只），猫咪以绝对的优势领先，是最具人气的宠物。在德国，有16.5%的家庭养猫，最近，特别是单身家庭养猫的数量在增加。其中，猫咪符合人类居住情况和生活方式、容易饲养是最主要的原因，此外，猫咪所具有的不可思议的治愈能力也是其人气高居不下的原因。

如果去郊外，也能看到爬树或者在散步的猫咪，但是在德国的市区，完全见不到像日本一样在外自由出入、闲庭信步的喵星人。直到看到公寓窗前的猫在睡觉，看到阳台张开的防止坠落的网兜，我才第一次感到猫咪的存在。在德国的宠物商店是买不到猫的，人们可以在有繁殖许可的饲养员处买到，也可以通过报纸以及地区社团的广告或到当地的动物收养所这样的保护机构收养猫咪。

在动物保护机构里有很多被遗弃的动物。特别是最近，由于经济方面的原因，被遗弃的猫狗数量在增加，德国的保护机构常常是满员的状态。

另外，在德国有500家左右动物保护机构。没有正当的理由是不允许残害动物的，在动物收容所，被遗弃的宠物翘首盼望被新家庭接纳的那一天。

第2章

乱排泄行为的解决方法

2-1 猫咪的乱排泄行为是指什么

　　猫咪有时会在室内卫生间以外的地方大小便。猫尿如果粘在褥子、床、换洗衣服和家具上，不仅味道刺鼻，接触电器后还会影响电器的使用。这无疑是猫咪最让主人头痛的行为之一。

　　如果猫咪突然出现乱排泄的行为，可能另有隐情，主人应首先想到猫的健康是否出了问题。

　　若患上泌尿系统疾病（膀胱炎或者肾炎）、内分泌系统疾病（糖尿病或甲状腺功能亢进症等）或子宫蓄脓症之类的疾病，猫会频繁喝水，出现尿频甚至大小便失禁的现象。对于猫咪随地大便的情况，也需考虑其是否患有引起腹泻的疾病。

　　随着年龄增长，猫咪因关节衰退、疾病疼痛或受伤会出现不能及时上厕所或者没办法蹲在厕所排便的情况。

　　泌尿系统方面的疾病在猫身上极为常见，近30%的猫一生中都会患有某些泌尿系统方面的疾病。即使病治好了，小便时的痛苦也会让猫把卫生间看成"产生疼痛的地方"，因而更加讨厌厕所。

　　猫咪的下泌尿道疾病（尿路结石、膀胱炎、尿道炎等）也被称为猫的"泌尿系统综合征"。这些疾病的主要症状包括尿频、血尿、排尿困难（上厕所频繁却无法排尿）以及在厕所以外的地方大小便。

🐾 尿路结石·膀胱炎·尿道炎

　　尿路结石（磷酸铵镁结石或草酸钙结石等）多发于公猫（2~6岁）。在众多品种中，波斯猫等长毛猫易患此病症，另外，其也和年龄、肥胖度、饮食等有关。

最近由于含镁量低的猫咪食品的普及，猫咪的尿液呈碱性，磷酸铵镁结石减少（约占尿路结石的50%，发病的猫咪平均年龄为5.8岁）。尿液呈酸性会使草酸钙结石的概率增大（约占尿路结石的40%，发病的猫咪平均年龄是7.5岁）。10岁以上的高龄猫咪常因为细菌感染患膀胱炎或尿道炎。

特发性膀胱炎（间质性膀胱炎）

半数以上的泌尿系统综合征都是特发性膀胱炎，也称作间质性膀胱炎，是发病原因不明的泌尿系统综合征。最近的研究表明，由于尿路、膀胱和组织中所包含的糖胺聚糖浓度下降，会分泌神经传达物质，促使自律神经系统运动，尿路、膀胱和黏膜会出血或水肿，膀胱筋也会收缩。

另外，伴随脑丘下部、脑下垂体、副肾轴的变化，压力激素分泌减少，应对压力时，猫咪会力不从心。不明原因的猫咪泌尿系统综合征常见于10岁以下的猫咪（特别是1~6岁居多），有反复发作的倾向，要注意减轻猫咪的压力。

除身体疾病之外，乱排泄行为是指什么

看过兽医排除猫咪患病之后，要判断是属于在厕所以外的地方进行排泄还是尿液标记。这两种行为有时也微妙地组合在一起，请参考第32页列出的表，仔细判断猫咪的乱排泄行为属于上述哪一类。

另外，如果同时饲养多只猫咪，没有看到哪只是"罪魁祸首"，主人必须想办法找出来。一般人们很容易认为躲躲藏藏的猫咪是罪魁祸首，其实并不一定如此。即使当场看到"元凶"，但因为饲养数量较

乱排泄行为可分为三种类型：

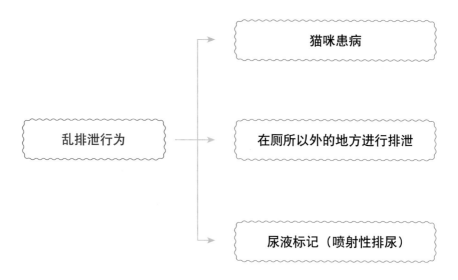

多，"作案"的猫咪有可能不止一只。根据蛛丝马迹推理要费些功夫，请主人根据以下方法进行判断。

❶ 在住宅条件允许的情况下，把每只猫咪隔离到不同的房间（里面准备好厕所和食物）。

❷ 使用荧光色素，夜晚让猫咪喝了之后小便，约24小时后，接触紫外线灯会发光（咨询兽医）。辨别大便的方法是在食物中添加食用色素，根据颜色判断。

❸ 在乱排泄情况多的场合，可以装监视器监测。

乱排泄行为的例子

厕所

滋

在厕所以外的地方排泄

尿液标记（尿液喷射）

在厕所以外的地方排泄与尿液标记的区分方法

	在厕所以外的地方排泄	尿液标记（尿液喷射）
猫咪的姿势	蹲	几乎是站立的姿势
尿量	普通（有膀胱炎的除外）	比平时少
方向	水平面	溅在垂直面（根据场合也可能是水平面）
偏爱的场所	厕所附近、柔软的毛巾上以及床附近	到处
排泄后是否有扒砂的动作	几乎都有	完全没有
猫咪厕所的使用率	几乎不使用	规则地使用

确认哪只猫才是"罪魁祸首"

藏起来的猫咪未必就是乱排泄行为的"罪魁祸首"

2-2 解决在厕所以外的地方乱排泄的问题

　　猫咪原本是非常爱干净的动物。

　　小猫出生后4~6周是靠母猫舔舐刺激排泄的。但是当这个阶段过了之后，即使母猫不教，本能的天性也会让小猫渐渐学会自己排泄。这个时期，小猫学会在哪里上厕所会对其以后的排泄行为有很大的影响。

　　首先请主人仔细观察猫咪的排泄行为。这样就能注意到猫咪在排泄时是有一系列流程的。

❶ 闻排泄地的味道，然后做调整。

❷ 在扒土或者砂子之后蹲下排泄。

❸ 排泄之后再一次检查气味，然后用前脚扒土或砂，把排泄物隐藏起来，消除气味。

　　饲养猫咪的主人一定要满足猫咪这样的需求，给爱猫创造适合排泄的环境。如果猫咪在闻了闻厕所的味道之后，要么还没排泄完就离开，要么站在厕所边缘，要么排尿前和排尿后扒砂及掩盖砂土的时间很短，或者是在厕所之外做扒砂的动作，主人应该想一下，猫咪是否是对厕所有哪里不满意。

　　再者，健康的成年猫咪平均每天去厕所2~4次，其中一次是排便。在饮食和自己休息的场所排便是健康的猫咪无论如何都不会做的。

猫咪排泄行为的流程

首先是在厕所
侦查之后扒砂

排泄

之后再一次检查味道，
然后用前脚扒砂

猫咪有上厕所的流程，主人务必要给爱猫创造满足这一系列流程的环境

在厕所之外的地方排泄的原因

解决问题的捷径是探究原因、改善情况，导致猫咪在厕所以外的地方排泄的原因可能不止一个，有时候是几方面综合因素叠加在一起的结果。猫咪如果不使用厕所而在其他地方乱排泄，可能有下面几点原因。

❶厕所令猫咪不满。

猫咪不再用厕所是对厕所有某种不满。猫咪是爱干净的动物，厌恶肮脏的厕所；猫咪还对厕所设置的地点和猫砂的材质十分敏感。对厕所环境非常在意的猫咪不在少数。

❷学习不充分而弄错。

猫咪没有学会用指定的厕所，在某种契机下学到了在厕所以外的地方大小便，之后偏好在这样的环境下如厕。

比如放置猫咪厕所的房间门被关上了。猫咪不得已在地板、地毯、浴室入口的踏脚垫、床上或者盆栽上上厕所。

❸对厕所的厌恶感。

患膀胱炎的猫咪排尿时异常痛苦，猫咪会把痛和厕所联系在一起。即使之后膀胱炎完全治好了，也有厌恶厕所的情况。厕所中有被惊吓的经历（特别大的声音、被主人饲养的其他猫咪威吓等）也会使猫咪对厕所心怀厌恶，不再使用。

❹压力。

本书第11页列举了猫咪常见压力的成因，让猫咪紧张不安的某种因素也会成为它不使用厕所的原因。

❺吸引主人关心的动作。

偶尔，猫咪也会因为想要吸引主人的注意和关心而在厕所以外的地方排泄，它们也会学习吸引主人的注意力。比如，猫咪某次无意中在厕所外的地方大小便，主人立刻手忙脚乱飞地奔过来开始吵闹。由此，猫咪有时就会通过这种行为吸引主人的注意力。

❻跟猫咪特有的品种有关。

相比于其他品种的猫咪，在厕所以外排泄的行为在波斯猫等长毛猫身上更常见。

🐾 在厕所之外的地方排泄的处理方式

假如猫咪有不安感，首先应该找到出现问题的原因。比如猫咪和饲养的其他喵星人关系不好，请参考第76页。即使主人搞不清原因，如果做到以下几点，也能彻底解决这个难题。

❶不要训斥、苛责猫咪。
❷改善如厕条件。
❸正确处理排泄过的场所。
❹改善环境。

下面就按顺序进行详细解说。

❶不要训斥苛责猫咪。

无论是猫咪正在上厕所时，还是主人把猫带到"犯罪现场"后训斥它，都是没有任何效果的。猫咪被主人训斥之后会躲着主人大小便，不仅如此，这样做还可能会破坏主人和猫咪之间的情谊。与其训斥，倒不如在猫咪乖乖如厕之后对其进行肯定和赞扬。

❷ 改善如厕条件。

因为家庭环境的差异，有时候想创造理想的厕所设施是有难度的。但是请在力所能及的范围内为猫咪创造最接近理想状态的厕所。

对于增加猫咪厕所的数量，很多主人是抗拒的，但是仅仅大幅度增加厕所数量经常可以解决实际问题。您不妨尝试在一段时间内增加几个猫咪厕所，如果情况有改善，可以再减少数量。再者，从设立新厕所到猫咪使用，至少也要等两周的时间观察一下情况。

• 厕所数量

理想的厕所数量是"饲养猫咪数量 + 1"。如果养了3只猫，理想的厕所数量是4个；只养1只猫理想的情况是有2个厕所。这样做的原因是猫咪习惯在不同的地点进行大便和小便。

此外，不要把2个厕所并排摆在一起，请稍微分开一点，分别放置。在厕所完全清洗、晾干的时候，如果有超过1个厕所可以使用，主人和猫咪都能更安心一点。如果家庭是复式结构，猫咪可自由穿梭上下楼的话，应该在每一层都至少设置1个厕所。

• 厕所的大小

除了考虑猫咪的大小以外，还应该考虑猫咪在厕所中能够迅速转身（约是猫咪体长的1.5倍），最少也要选择30厘米 × 40厘米以上的厕所。

● 厕所的种类

市场上销售的猫咪厕所琳琅满目、种类繁多。在大自然，猫咪就是在露天的、任何时候都能逃走的敞开环境下排泄的，所以，猫咪厕所最好也是敞开的。

厕所边缘的高度应该和猫咪的年龄以及健康状态吻合，以猫咪能轻松跨过的高度为宜；为老年猫和小猫选择的厕所边缘应该相对较低。根据情况，选择塑料的方形底（大桶）也是可以的。

使用带顶棚和门的厕所，排泄物的味道不易散发出去，但主人也容易忘记打扫。另外，从猫咪如厕的情况和排泄物可以迅速判断猫咪是否健康、是否出现异常，所以，偶尔观察猫咪上厕所对于监测猫咪健康是很重要的。另外，借此了解到猫咪的个性也非常有意思。

但带顶棚的封闭式厕所不会让猫砂四散，如果猫咪从小就习惯这种类型，能保持清洁的话，也没有问题，可以使用。

● 厕所的设置场所

厕所应该设置在猫咪行动方便、一面对墙、视野较好的地方，应避开猫咪进食和休息的场所。为了让猫咪安静地上厕所，也要避开周围物件摆放得乱七八糟或者人经常路过的地方。如果厕所设置在关上门猫咪就进不去的地方，也要注意把门一直开着。

● 厕所的猫砂材质和用量

猫咪厕所的猫砂种类繁多，每种都各有利弊。不同喵星人的喜好也不一样，所以主人要多尝试不同的猫砂，根据猫咪的喜好选择它最喜欢的。

一般来说，猫咪喜欢比较软并且颗粒细腻、踩上去感觉舒服、排

适合猫咪的厕所大小和厕所形状

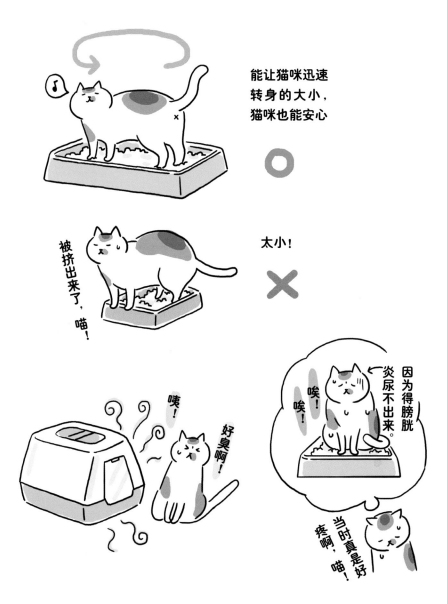

数量是猫咪的数量+1，大小是能让猫咪迅速转身，气味可以散发出去的敞开厕所是比较合适的。猫砂应根据猫咪的喜好进行选择。如果对厕所有厌恶情绪的话，可以更换场所，或者更换新的厕所

泄前后容易扒的猫砂。尘土不会溢出、吸收性和除臭性极佳、容易凝结成块的猫砂是最理想的。

猫砂的深度最少是5厘米，虽然加入香型的砂土很好闻，但是猫咪很可能讨厌芳香剂的味道，所以请主人尽量避免。

另外，一旦找到猫咪喜欢的猫砂并开始使用，就尽量不要再更换。如果不得已一定要更换的话，可以把一直使用的猫砂掺入少量新的猫砂，随着时间的推移慢慢更换。

● 猫咪厕所的清洁度

人们会觉得猫咪厕所污臭不堪，对于比人类嗅觉敏感得多的猫咪来说，厕所就更加臭不可闻了。因此，猫咪厕所里面的排泄物每天要频繁拿出来（至少一天两次），每月要替换全部的砂土，并用热水彻底清洗。如果能每月都彻底清洁的话，只用热水就能清洗得非常干净。

如果猫咪厕所特别脏，不能频繁地彻底清洁的话，可以用少量的中性洗洁剂。含有非常强烈的氨和氯气味的洗洁剂或者漂白剂会使猫咪联想到尿液，所以请不要使用。夏天将猫咪厕所放在阳光下晾晒，可以达到杀菌的效果。

换猫砂的时候，可以在底部撒一层薄薄的碳酸氢钠（小苏打），有除臭的效果。另外，换砂的时候可以放少量有猫咪排泄物味道的使用过的猫砂。

❸ 正确处理排泄过的场所。

如果猫咪乱排泄而得不到正确清理，猫咪会认为那里就是排泄场所。所以完全消除尿液的味道，彻底抹消其排泄证据是非常重要的。

首先可以使用含酶的洗洁精清洗。猫咪排泄之后，应在不引起它

适合放置猫咪厕所的地方是？

乱七八糟

乱七八糟

请不要把猫咪厕所放置在周围乱糟糟的场所

请不要把厕所放置在进食和睡觉的地方

感觉好好啊！

嘶~

怎么这么看着我呀？

盯着你看……

被其他一起生活的猫咪盯着，没法安心上厕所

将厕所放置在乱糟糟的场所以及进食和休息的附近都是不行的。请将猫咪厕所放置在让猫咪安心的地方。排泄物一天要取出两次，一个月彻底清洁一次

注意的情况下，尽力擦掉尿液的水分，用含有醋的清洁剂中和氨成分，再用含酶的洗洁精多次擦拭。根据排泄地点，也可以用两倍稀释过的醋或柠檬酸水溶液擦拭。最后用浓度为70%的酒精（消毒用酒精）再次擦拭或喷洒。

应等到排泄场所完全干透、确认没有臭味之后再让猫咪进来。若味道还是没有完全除去，可以用市面上销售的酶或纯生物的除臭剂分

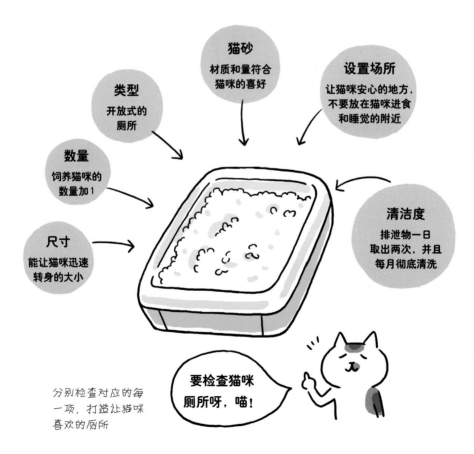

理想的猫咪厕所

猫砂
材质和量符合猫咪的喜好

设置场所
让猫咪安心的地方，不要放在猫咪进食和睡觉的附近

类型
开放式的厕所

数量
饲养猫咪的数量加1

尺寸
能让猫咪迅速转身的大小

清洁度
排泄物一日取出两次，并且每月彻底清洗

分别检查对应的每一项，打造让猫咪喜欢的厕所

要检查猫咪厕所呀，喵！

解尿液成分。含氯或氨的洗洁精容易让猫咪闻到尿的味道，很可能使其再次在那里排泄，应该避免使用。

　　厕所的设置应根据场合，灵活处理，如果是猫咪自己选择的地方，可以干脆将它经常大小便的地方设置成暂时的猫咪厕所。如果那里是令主人感到困扰的地方，可以一点一点（每周20厘米）把厕所移动到想设置的地方。

　　或者也可以重新定义猫咪上厕所的地方，把那里变成进食和睡觉的场所。这样做的理由是，健康的猫咪绝对不会在自己进食或睡觉的地方排泄。另外，如果排泄的地点是沙发上的话，可以把那里变成经常和猫咪一起玩耍的地方，将其打造成喵星人喜欢的游乐场所。

● 用物理方式避免猫咪在此排泄

　　如果乱排泄的场所仅限一个房间，可以不让猫咪进入。如果是沙发或床上，可以盖一层塑料布，或者临时放置一些物品（瓦楞纸板之类的）。还可根据场合，把该地变成猫咪讨厌去的地方，比如放置塑料的人工草坪或铝箔，或者贴双面胶。但是这些方法并不能从根本上解决问题，所以，给猫咪提供让它满意的厕所是很有必要的。

不能留下尿液的痕迹

要彻底清除
尿液的气味

尿液

干抹布

先让猫咪出去，再
开始打扫房间

海绵之类的

用干抹布或者海绵擦拭尿液之后，用含醋成
分的洗洁精再次擦拭，干燥之后用浓度为
70%的酒精擦洗

● 错误的学习以及对厕所的厌恶感

除了用软的材料之外，可在猫咪喜欢上厕所的地方铺上猫咪厕所
的旧毛巾，在上面撒上少量砂土，慢慢增加猫砂的量。

如果是由于患膀胱炎，排尿十分痛苦让猫咪不再使用厕所，可以
在其排泄地设置新的厕所，用更好、更大尺寸的厕所容器，坚持这样，
慢慢地，多数情况下，猫咪会重新使用猫咪厕所的。

用物理的方式阻止猫咪上厕所

防止猫咪再次在此地上厕所，可以放置一些物品

把家具之类的移动至猫咪无法进入的房间；如果不能移动，可以覆盖塑料布、物品（瓦楞纸板）；也可以把该地变成和猫咪经常玩耍的地方

猫咪不喜欢人工草坪

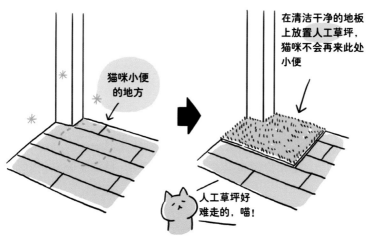

猫咪小便的地方

在清洁干净的地板上放置人工草坪，猫咪不会来此处小便

人工草坪好难走的，喵！

在该地设置厕所，或者将其变成猫咪睡觉、进食的地方；设置让猫咪行走困难的物品（人工草坪、铝箔或双面胶都是很有效果的）

如果猫咪怎么也不肯使用厕所的话，可以把睡觉和进食的地方放进一个空间（小房间或盥洗室），准备两个猫咪厕所，打造一个让猫咪随时能去厕所的环境。让猫咪一直在这个空间内生活2~3天，直到猫咪学会在厕所排泄。如果已经学会使用厕所，可以慢慢扩大猫咪的生活空间。

● 吸引主人注意的行为

饲养猫咪的主人怒发冲冠，飞一般地冲过来，猫咪对此现象的理解是"主人对我如此关心"。因此，即使猫咪随地小便，主人也应该完全无视，对其不理不睬，不跟猫咪说话，不碰、不摸它。

面对这样的情况，主人应该增加和猫咪的玩耍时间，比如用积极互动的方式喂食，让猫咪获得身心的满足感（环境改善），如果猫咪反应快、悟性高、一点就通的话，特别适合响片训练（具体请参见第6章）。

❹ 环境改善。

请参考第6章，为猫咪创造舒适的生活环境。

● 费利威的使用

如果猫咪是因为没有安全感而在厕所以外的地方进行排泄，可以使用费利威。费利威是人工合成的外激素，可在空气中释放安抚猫咪的天然信息，猫咪脸颊也会分泌天然外激素（F3成分）（请参见第6章）。

下面介绍几个具体的事例。

故意让他讨厌吗

😺 问题

> 姓名：咪咪
>
> 性别：女
>
> 年龄：两岁，已完成避孕

咪咪8个月大的时候，我把它从朋友那里抱来。我家还有一只同样已经完成避孕的5岁母猫，名叫马乌丝，原来是一只流浪猫。在马乌丝很小的时候，我就开始养它了。我最初是想当我不在家的时候，咪咪可以成为马乌丝的玩伴，所以就决定把咪咪抱回家。

幸运的是，两只猫咪开始关系就很好，到今天为止都没有嫌隙，一直友好地生活在一起。厕所的盥洗室旁有一个猫咪厕所，供两只猫共同使用。咪咪，如果要形容的话，是非常害羞的，有陌生人来的时候，就藏起来，半天不出来。但是它对我特别亲近，很喜欢蹲在我的膝盖上，让我抚摸。两只猫夜里都睡在我的床上，有时候男友也来我家过夜，他和猫咪的关系也非常好。

但是，异常情况是从3个月前开始的。**让我困扰的是，咪咪开始习惯在我的床上尿尿。**有一天早晨，我起床的时候，看到咪咪在还在睡觉的男友旁边，像平时一样蹲坐在那儿开始撒尿。男友当然非常震惊，在大声训斥咪咪的同时开始追赶它。从那之后，咪咪在我起床之后总是习惯性地在床上小便。咪咪先起来，在客厅徘徊一阵，在我起床之后，它又回到床上，在床上排尿。另外，它还在泡澡池前的浴袍上尿过两次。这不是故意让男友生气吗？

诊断

咪咪是那种比较害羞、有点神经质的猫咪。它在睡觉的男友旁边尿尿，可能是因为没有安全感，所以想喷洒有自己气味的尿液。

根据主人的描述，咪咪在床上小便的时候是比较放松的，如同在厕所一样，极其正常地在床上排尿，量也没有问题。再加上咪咪在这之后也非常正常地进食、梳毛，所以，在床上小便对它来说是日常化行为。

为什么会在床上小便呢？

猫咪不是想故意找麻烦、让人讨厌才在床上尿尿的

不管最初的动机是什么，咪咪的感受是在床上撒尿是很舒服的。另外，家中只有一个猫咪厕所，两只猫咪共同使用，厕所数量准备不足也是原因之一。

对策

不要训斥咪咪

即使训斥猫咪，主人不在家的时候它照样会小便。另外，这样做还很有可能破坏主人与猫咪的关系。

改善如厕的情况

家里有两只猫咪的话，理想的情况是准备3个猫咪厕所。咪咪应该是对厕所有什么不满，所以应在客厅和卧室各设置一个厕所。由于咪咪学会了在柔软的地方排尿，可以把毛巾等物放在它够不到的地方，并在猫咪厕所里摆放旧毛巾和少量猫砂，并逐渐增加猫砂的量。厕所还要经常清扫。

彻底清扫猫咪小便的地方

猫咪尿过的地方，要彻底清洗，直到味道完全消除为止。

用物理方式避免它再次犯错

这个事例中，猫咪小便的地点和时间是基本固定的，所以可以采用物理方式避免它再次犯错。可以在起床的时候，温柔地抱起咪咪，从卧室出来并关上门，防止它再进去；主人看不见的时间也不让咪咪进卧室。为了保险起见，可以在床上罩上塑料套子，泡澡池前的浴袍也应移到咪咪尿不到的地方。

● 改善环境

为了防止猫咪今后在厕所以外的地方随地乱排泄、喷射尿液，可以在房间里增加高度不同的纵向空间（比起宽敞的空间，猫咪更喜欢错落有致的地方），增加让猫咪安心隐蔽的场所。主人抚摸猫咪的时间、和猫咪玩耍的时间也要留足。在这个事例中，男友和咪咪也要建立友好的关系，他应该尽可能多地给咪咪喂食，增加抚摸咪咪、和猫咪玩耍的时间。

增加抚摸猫咪的时间

意外的是，这个人也不错嘛，喵！

男友和猫咪的亲密接触增多

2-3 解决被称作尿液喷射的标记行为

每只猫咪都会散发人类感知不到的特有气味，这种气味在猫咪彼此交流的过程中起着重要作用。猫咪有把自己的气味留在各个地方的习惯，这种习惯被称为"气味标记"。猫咪能从这种气味中捕捉到各种信息。

对于嗅觉跟猫咪相比并不发达的人来说，可能比较难以想象，如果换作视觉来比喻的话，感受气味就像看"沾染各种颜色的烟尘"，猫咪对气味的认知也可以和人类名片的作用相提并论。另外，猫咪磨爪子标记不仅是在嗅觉上标记气味，也是视觉上的标记。

对于在大自然中生活的猫咪来说，气味标记在确认势力范围、确认同类和等级排位、找到另一半等过程中都起着举足轻重的作用。

猫咪肛门周围的分泌腺、脸颊周围、尾巴根部背面的皮下脂腺以及四肢内部的汗腺会分泌特有的外激素。从这些分泌腺分泌出来的分泌液，通过普通的嗅觉传递和别的路径传递到大脑。"犁鼻器"是在猫咪鼻腔前面的一对盲囊，开口于口腔顶壁，和神经相连，是在脑内感知的一种化学感受器。猫咪在口半开的时候，能吸收气味分子，这种恍惚的表情被称作"裂唇嗅"。

脸蹭来蹭去、手掌使劲蹭（磨爪）等标记行为是猫咪彼此交流的手段。在群体中生活的猫咪互相蹭脸和身体，交换气味，会让猫咪们安心，也使群体有了共通的气味。

猫咪的各种标记行为

尿液喷射　　　来回蹭头　　　蹭尾巴

蹭来蹭去

磨爪

犁鼻器

无论对谁都蹭来蹭去，让气味共通才安心。右下是裂唇嗅反应

有繁殖能力的公猫的尿液喷射更强烈

标记行为中的"尿液喷射"多见于没有绝育并且已经达到性成熟的公猫和没有避孕的母猫（特别是在发情期），是"征集对象"的一种宣言行动，公猫喷射的尿液颜色比平时稍浑浊一点。总之，其最大的特征是这种气味强烈到人类大约一周都能闻到。

没有绝育的公猫尿液中含有大量被称作"猫尿氨酸"的前体（前驱物），这是让尿液产生强烈气味的根本物质。这种强烈的气味是在寻找伴侣时展示自己有多么高的繁殖能力的一种方式，也起着赶走别的竞争者，让它们"上别处去"的作用。

尿液喷射中包含猫咪的性别、年龄、等级、发情时间、何时留下的味道等信息。另外，尿液喷射的目的不仅是追求伴侣、确认势力范围、缓解与其他猫咪的紧张关系和冲突，还可以减轻压力。

尿液喷射的特征是猫咪以站姿向垂直面喷洒四溅少量尿液，尾巴像旗杆一样垂直向上。喷洒尿液的时候，尾巴的前端有时会颤动，后脚伸直，也有向后蹬踏的姿势。尿量要比平时排尿少（也会出现没有尿液的情况），并且频繁地发生，喷洒尿液之后不会有扒砂的动作。有些猫咪甚至会将尿液喷洒到距离地面1米的高度，但是一般是30～40厘米。

母猫一般会在比这个更低的位置喷洒，但是不是垂直面而是水平面，比如蹲在床上喷洒尿液。这种场合下，尿液不呈圆形，而是会留下细长条状的痕迹。这种以蹲姿进行的尿液喷射和在厕所以外的地方乱排泄行为非常难区分，和遗传因素有紧密联系。

产生气味的分泌腺和分别起到的作用

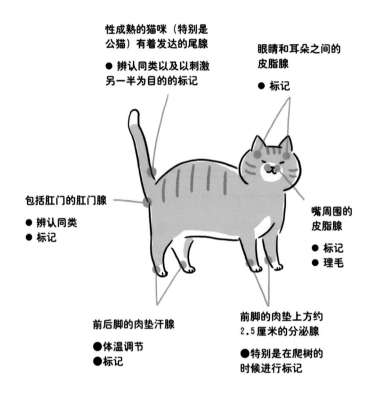

性成熟的猫咪（特别是公猫）有着发达的尾腺

● 辨认同类以及以刺激另一半为目的的标记

眼睛和耳朵之间的皮脂腺

● 标记

包括肛门的肛门腺

● 辨认同类
● 标记

嘴周围的皮脂腺

● 标记
● 理毛

前后脚的肉垫汗腺

●体温调节
●标记

前脚的肉垫上方约2.5厘米的分泌腺

●特别是在爬树的时候进行标记

进行标记（沾染气味）的分泌腺及其作用。
猫咪身体会散发气味

🐾 尿液标记多发于饲养多只猫咪的场合

同时在室内饲养多只猫咪，等级较高的猫咪会用尿液标记的方式画出自己的领地。等级较低、比较胆小的猫咪也会为确保自己少量的领地进行尿液标记。

因此，在室内经常能看到被尿液标记的地方，即猫咪们"领地线的标记点"，如窗前、门、窗帘、墙壁的凸起处、电器插头等处。另外，房间里新拿进来的东西的气味也会引起它们的反应，有些比较神经质的猫咪会马上在沾染外面气味的鞋子、包包、购物袋，收进来的洗好或要洗的衣服等处进行尿液标记。

另外，很多猫咪对电器在使用前和使用后的气味差异很敏感，也会喷洒尿液。严重时，有些猫咪甚至会向主人喷洒尿液。

尿液喷洒随着饲养喵星人数量的增加会变得更加严重。这是由于猫咪要确认其他猫身上的气味，重新喷洒上自己的味道才能安心。喷洒尿液比通过蹭脸和身体散发的气味要强烈得多，所以对猫咪来说，最好的方式就是喷洒气味最强烈的尿液。

70%喷洒尿液的猫咪都是因为主人家里同时饲养了两只以上的喵

尿液标记的姿势

尿液喷射采取的姿势，
既有站姿也有蹲姿

星人。如果室内同时饲养了10只猫咪，肯定至少会有一只进行尿液喷射。当然，有饲养1只但是也用尿液标记的猫；也有饲养30只，所有猫咪都和睦相处而不进行尿液喷射的情况。

令人困扰的是，猫咪一旦开始进行尿液喷射，如果自己标记过的地方气味变淡，或者沾上其他猫咪的气味，它会认为有"再次进行喷射"的必要，会反复进行标记甚至逐步升级。跟尿液喷射一样，有少数的猫为展现、夸耀自己的领地，还会在经常看到的地方大便。

🐾 尿液喷射的原因

与正常上厕所不同的是，尿液喷射是猫咪和同类交流的方式。受性激素的影响或者和生活在一起的猫咪发生冲突是常见的进行尿液喷射的原因。各种各样的压力、轻微的不安全感都是诱因，有时候是一个个压力的累积让猫咪开始进行尿液喷射的。

● 性激素的影响

尿液喷射常见于性成熟并且没有进行绝育的公猫以及没有避孕的母猫（特别是在发情期）。因此，给猫咪做绝育手术或避孕手术，可以完全避免或防止尿液喷射现象。但是，如果在发情前做手术的话，会有约10%的公猫、5%的母猫成年之后也会进行尿液喷射。

● 和一起生活的猫咪之间的纠纷

进行尿液喷射的猫咪70%以上都是多只一起饲养的。这样看来，猫咪和同类之间由于不稳定的关系而导致的紧张和不安感是尿液喷射行为的主要原因。到现在为止关系都非常好的猫咪，也会有关系突然恶化的情况（请参考第95页）。

● **因环境变化而产生的压力**

猫咪对细微的环境变化非常敏感，经常因此感到压力，这样的压力也是引发尿液喷射的原因（请参见第8页）。

● **厕所准备不充分**

特别是在饲养多只猫咪的场合，猫咪对厕所准备不充分（数量太少，不干净）等因素的不满也是引发尿液喷射的原因。尿液喷洒的频率会随着厕所情况的改善而有所降低。

尿液喷洒原因的例子

担心外面那只猫呀，喵！

外面的同类有时会引起猫咪的不安全感

争夺领地使猫咪倍感压力

这里是我的地盘，喵！

认真分析产生尿液喷洒的原因，并且努力消除是非常重要的

- **遗传的因素**

容易受压力影响的比较神经质的猫咪和容易兴奋的猫咪进行尿液喷射的可能性更大。

- **社会化不充分**

如果猫咪在社会化成长时期（出生后2～8周）和母猫以及兄弟姐妹接触不充分，会较难适应社会环境，对气味之类的环境刺激的反应也更加敏感，进行尿液喷射的可能性更大。

🐾 尿液喷射的处理方法

建议给没有做绝育或避孕手术的猫咪进行手术，这样，90%以上的尿液喷射都可以避免。非常重要的是，搞清压力和不安感的产生原因，并尽力消除；为猫咪创造舒适的环境；增加和主人互动的游戏时间也可以帮助猫咪消除压力。

- **绝育、避孕手术**

进行绝育或避孕手术不仅可以避免90%以上的尿液喷射，还可以防止生殖器病变（睾丸肿瘤、乳腺肿瘤、子宫蓄脓症等），另外，也能解放由于性造成的压力，避免发情期猫咪的大声嘶吼。特别是公猫，进行绝育手术能有效避免其打架、流浪、离家出走的情况，也会使其性格停留在小猫的阶段，喜欢撒娇、跟人亲近。

- **减轻压力**

如果知道猫咪感到压力和不安感的原因，请努力改善。如果不能完全解决猫咪之间打架的问题，是肯定不能根治尿液喷射的。关于猫咪之间关系的恶化，请参考本书第76页。

　　如果不清楚尿液喷射产生的原因，可以简单记录猫咪日常的生活，找出原因。比如发生尿液喷射之后，简单记录时间、次数、地点等。然后想一想当天发生了什么事情，是不是来了野猫？或者有人来访？有没有去宠物医院？是不是没怎么和猫咪一起玩？家庭内部有没有吵架之类的情况发生？这样持续一段时间，通常就可以明白尿液喷射的原因了。

　　另外，可以简单记录已经尝试过的方法及其效果，比如增加了厕所数量、打造了猫咪磨爪的地方、安排时间和猫咪玩耍了之类的。

如果被尿液喷洒所困扰①

探讨绝育手术、避孕手术。

●日期
●尿液标记的场所
●××对策
●当天发生的事情
　（访客等）

笔记

每天用心观察猫咪的生活，探究压力的原因，然后努力减轻其压力

● **主人的反应**

如果看到猫咪喷射尿液，可以用拍手（尽量让猫咪不知道是主人在拍手）、让东西落下、发出声音等方式转移猫咪的注意力。但是就算发现尿液喷射的地点，也一定不要训斥猫咪。因为训斥之后，猫咪还是会在主人不在家的时候进行喷射。另外，即便猫咪被训斥，也不理解被训斥的原因，随着时间的推移，训斥还可能会破坏猫咪和主人间的信赖关系，增加猫咪的不安全感，尿液喷射的情况反而会更加频繁。

如果被尿液喷洒所困扰②

好可怕啊！

不要训斥猫咪

尿液喷射的气味没有留下

● 彻底打扫被尿液喷射的场所

尿液喷射的残留气味会刺激猫咪再次进行标记，气味变淡之后，猫咪也会在同一地点再次喷射。因此，彻底打扫喷射过尿液的地方，完全清除气味是非常重要的。趁猫咪不注意的时候，让它离开尿液喷射过的房间。处理在厕所以外的地方乱排泄也应采用同样的方法（参见第45页）。

如果尿液喷射的场所仅限于墙壁的几处，也有所谓容忍尿液喷射的"绥靖政策"。在这种情况下，不妨在该处的地板上放一个塑料制的浅容器，在墙上贴上有机玻璃（树脂纤维薄板）和塑料罩子之类的东西。

● 用物理的方式避免猫咪在该处进行尿液喷射

整理房间，把可能被尿液污染的东西清理到尿液喷射不到的地方，并用塑料套子套上。这种方法适合个人的随身物品和衣服、小家电等。

如果喷射的对象是沙发和床，可以罩上塑料罩子或者临时放置一些物品（瓦楞纸板之类的），让猫咪无法下手。根据猫咪尿液喷射的场合，也可把该地变成猫咪讨厌去的地方，比如放置塑料的人工草坪或铝箔，或者贴双面胶。此外，还可以设置感应器，当猫咪靠近时，感应器开始自动喷水。

虽有各种各样的防猫用品，但是猫咪头脑灵活，这些仅是权宜之计，并不能有长久的效果。

以上方式仅是防止，不能从根本上解决问题，还是请主人务必根除让猫咪产生压力和不安的事情。

打扫尿液喷射场所的方法

1.

首先让猫咪离开房间

2.

尽力擦去尿液的水分，
然后根据场所，用含酶
或者含醋的洗洁精清洗
两次

用稀释过的醋或
柠檬酸水溶液也
是可以的，喵!

3.

使用消毒酒精喷两次

消毒之后晾干

4.

气味特别强烈的话，
可以用含酶或生物
力量的除臭剂分解
尿液成分

尿液喷射的气味要彻底消除，这是防止再发生喷射的关键

62

● **改善如厕情况**

可采用猫咪在厕所之外的地方乱排泄的处理方法（参见第34页之后的内容）

● **改善环境**

请参考第6章，为猫咪创造舒适的生活环境。

● **和猫咪玩耍**

请参考第6章，增加和猫咪的玩耍时间，这有助于消除其压力。

● **使用费利威**

费利威是人工合成的外激素，会在空气中释放安抚猫咪的天然信息，猫咪脸颊也会分泌天然外激素。可以用棉花等物在猫咪脸颊周围轻轻擦拭，再用棉花在猫咪进行尿液喷射的地方进行摩擦，这样做有时候可以缓解尿液喷射的情况（请参考第210页）。猫咪喷射过的场所，请事先打扫干净，彻底消除气味。

● **药物疗法**

如果情况比较严重，也可以使用药物疗法。可以把尿液喷射看作是有强迫性神经症的人总是重复没有意义的洗手行为。在这种情况下，为了缓解不安的情绪，让精神状态放松下来，可以使用提高脑内神经传达物质——血清素（5-羟色胺）浓度的药剂。不过，只是单纯的药物治疗解决不了问题，药物疗法和其他方法配合，作为辅助治疗还是非常有效的（请参见第6章）。

事例 自从附近有公猫出现之后，就开始有严重的尿液喷射行为

🐾 问题

> 姓名：樱花
>
> 性别：女
>
> 年龄：3岁，已完成避孕

在樱花出生才五六周的时候，我从朋友那里把她抱回了家。它当时非常瘦小，也很害怕我们，但是现在跟我们一家三口特别亲近，我下班回家，它还来门口迎接我。但是每当家里有客人来的时候，它就藏起来了。我们家没有饲养别的动物，有一个猫咪厕所在走廊上，我们每天都会取出排泄物。

异常情况大约是3个月前开始的。邻居家有一只做过绝育手术的公猫，经常在我家周围溜达。那只公猫一点都不认生，我家孩子也经常摸它。有一次，它竟然趁我不在家的时候不请自来，还舔着脸，把樱花的猫粮全部吃光了。樱花当时应该是害怕，藏起来了。

这件事发生之后，樱花就开始每天都在飘窗、地板、家具等物上乱尿。感觉她是竖着尾巴小便的，没想到母猫也会这样，这是为什么呢？

素不相识的公猫出现，诱发压力

邻居家的猫脸皮真厚，旁若无人，反客为主，引发了樱花的不安定情绪……那么，怎么办呢

🐾 诊断

邻居家公猫的出现让樱花倍感不安，开始尿液喷射。不只是公猫会出现尿液喷射的行为，母猫也会出现。众所周知，没有做避孕手术的母猫到了发情期，为了让公猫知道自己的存在，会进行尿液标记。但是，做过手术的母猫出于压力或不安也会有这样的情况。

樱花是对侵入自己领地的公猫感到不安，所以要在家里的不同地方留下自己的气味，借以消除压力，让自己安心。樱花是那种对细微环境变化都会非常敏感的猫咪。另外，它在社会化阶段（出生2~8周）和其他猫咪（猫妈妈和兄弟姐妹）接触不足，不知道怎么和其他猫咪交流，这也是原因之一。

🐾 对策

引起压力的原因是要躲避公猫的出现。首先，应和邻居谈一谈是否可以只在室内饲养他们家的公猫，如果不行的话，可以在樱花视线所及之处的窗户玻璃上贴遮挡薄膜，让它无法透过窗户看到公猫的存在。

另外，为了缓解"有公猫入侵"带来的紧张感，一定不要带入那只公猫的气味。如果孩子与公猫接触过，为了保险起见，可以通过洗手、换掉之前穿的衣服、把脱掉的鞋子放在外面之类的方式避免把公猫气味带入家中。

● 彻底清洁尿液喷射场所

尽量不吸引樱花的注意，等它离开尿过的房间之后，用含醋或者酶的洗洁精反复擦拭，然后用浓度为70%的酒精（消毒酒精）擦拭。确定完全干透之后，再让樱花进来。

遮挡视野

为了避开邻居家的公猫，可以在窗户玻璃上贴遮挡薄膜，
让它无法透过窗户看到外面的公猫

清除其他猫咪的气味

注意不要带入邻居家公猫的味道

● **改善如厕情况**

之前樱花是用猫咪厕所的，可以在尿液喷射较多的客厅再设置一个厕所，并且要比之前打扫得更频繁。

● **改善环境**

在客厅多增加几处可以让樱花安心躲藏的地方，为它准备可以充分自由磨爪的场所。

● **创造和樱花积极玩耍的时间**

使用逗猫棒，至少一天跟猫玩两次（最好是早晚），每次15分钟左右，创造跟樱花玩耍的时间。充足的运动不仅能消耗猫咪的精力，而且还能缓解其压力。

第3章

解决攻击性行为

3-1 猫咪的攻击性行为是指什么

喵星人对一起生活的其他猫或人发出"呜呜"声、用力抓挠、撕咬等攻击性行为和乱排泄行为都是让主人头痛的问题行为。

猫咪受性激素的影响展示攻击性是没有问题、非常正常的行为。比如没有做绝育手术的公猫受雄性激素和睾酮的影响，会因争夺领地打架；母猫在生产之后由于性激素平衡的变化，会出于守护幼崽而显现出攻击性。

猫咪对其他猫咪及人类展现的攻击性态度大都是"防御性攻击"，即出于不安和恐惧而调动自己的防御本能来规避危险，保护自身。任何猫咪在危险逼近的时候，都会展示出防御性进攻。

无论猫咪是否在自己的领地，只要敌人（其他猫咪、人类和动物）逼近这个安全范围，它首先会想要逃跑，而不会胡乱肆意地攻击。

但是，如果敌人接近危险圈，猫咪又无处可逃，就会威吓敌人并视情况进攻。这个安全和危险范围根据猫咪而定，甚至同一只猫咪在不同健康状态下，根据当时的不同情况，威吓的激烈程度和兴奋度也会有所变化。

另外，如果猫咪攻击之后对敌人穷追不舍，这个攻击性行为会进一步升级，猫咪的危险圈也会逐步扩大。如果反复出现即使和敌人还有一定距离，猫咪也显示出攻击性的情况，其攻击性行为会进一步增多，即使没有被威吓也会突然发动袭击，变成一个危险分子，必须引起主人的注意。

防御性进攻是指

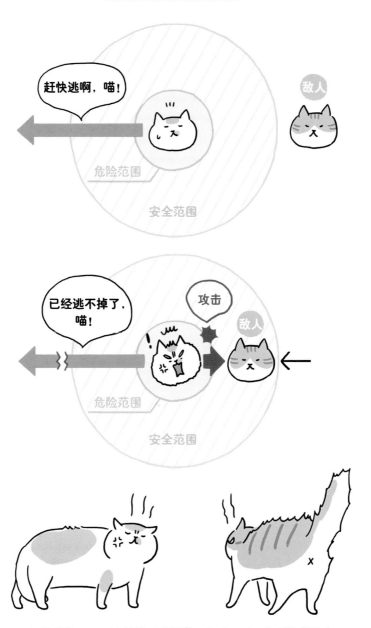

两只猫咪敌对。不清楚接下来是暂时按兵不动、为缓解紧张气氛采取无关行为（闻地面的味道、整理毛发之类的行为），还是逃跑抑或是展示攻击性行为

❤ 读懂猫咪的身体语言

如果能从猫咪的身体语言读出威吓以及进攻的姿势，会让主人更好地掌握当时的情况。比如素未谋面的两只公猫偶然遇到，一只展示出进攻姿势（如第74页右上方图所示），另一只展示出防御姿势（如第74页左下图所示），还没有发展到打架的地步（当然也和这是哪只猫咪的领地之类的情况有关）。

与采取防御姿势的猫咪相比，采取进攻姿势的猫咪处在有利的优势地位，等于"不战而屈人之兵"，处在优势地位的猫咪会沉着地离开是非之地。猫咪会遵守自然规律，不会白费力气，也会避免挂彩。

猫咪之间互相威吓，长时间处于敌对状态，只要还有足够的安全距离，可以看到处于劣势的猫咪会慢慢回头，视线偏移，有时会不自然地侧身慢慢离开是非之地，采取逃避的姿态。

但是，如果处于优势的猫咪对另一只穷追不舍，让它无路可退，它也会定睛而视，扬起脸，颤动身体返回，使用最有利的武器（四肢和爪子）。这个姿势据说连狗都会感到害怕。

鉴定这个姿势是猫咪在"游戏"还是"认真"的，有时候是比较困难的。游戏的时候，因为兴奋而转为认真的情况也是有的。如果猫咪发出"呜呜"声，瞳孔放大，竖着毛发，露出锋利的爪子，应该可以判断出猫咪是认真的。

喵星人出生12周内与母亲及兄弟姐妹在一起生活、玩耍的同时，小猫会身体力行地学会爪子应该伸出多长、用多大的劲儿咬比较合适。

❤ 从各种信号中读取猫咪的情绪

接下来，我们来关注猫咪尾巴的摆动。喵星人在问候同类、与人类亲昵的时候，尾巴会像旗杆一样垂直竖起，表示亲密信任。与之相对，展示攻击姿态的猫咪，伴随恐惧的增加，会分泌肾上腺素，背部蜷缩（毛发炸起），尾巴变粗并垂直竖立。另外，当猫咪兴奋或攻击的时候，尾巴会变大，并从尾巴根部开始剧烈震动。

猫咪的情绪可以从脸部表情，比如眼睛（瞳孔大小）、耳朵、胡子的状况判断出来。在第75页的插图中，❶是平常的表情。❷的瞳孔变小，耳朵竖起来，并且从前方可以看到耳朵后侧，胡子向前，是愤怒的表情。受肾上腺素的影响，❸的瞳孔放大，耳朵沿头部横折，胡子向后，是惊恐害怕的表情。

主人可以根据当时的情况，将猫咪的面部表情、姿势、尾巴的位置以及摆动、叫声等综合起来，读取猫咪的情绪，判断猫咪进攻性行为的程度。在猫咪向人类发动攻击性行为前，不要让猫咪靠近。

躲避猎物、埋伏、蹲下身子、瞄准猎物、跳起动作是**正常的捕食行为**，应该和攻击性行为加以区分。但是室内饲养的猫咪，有时会把其他猫咪或主人的手或脚当成猎物，展示捕食行为。

因此，应区分猫咪的攻击对象是其他同居的猫咪还是人类（主人），请仔细考虑包含捕食行为的攻击性行为。

猫咪的攻击姿势和防御姿势

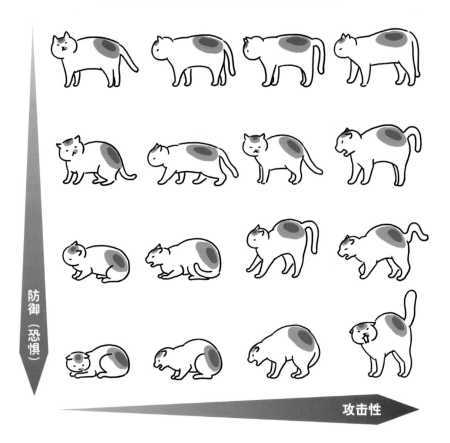

防御（恐惧）

攻击性

如果左上是猫咪正常的状态，越向右走表示猫咪展示的攻击性越强，越向下表示流露的防御性越强。右上角的姿势是没有感到恐惧，最大的攻击姿势。相反，左下是最大的防御姿势：猫咪四肢蜷缩，身体缩小，尾巴成团藏入身体下方。右下方是攻击与防御姿势的混合体，展示出最大的防御威吓以及防御性进攻，也就是"虽然恐惧，必竭尽所能对对方进行威吓，身体看起来变大，根据敌人表现出来的样子进行攻击"

参考：保罗·罗伊豪森（1979年）《猫咪行为学》Paul Leyhausen（1979）：Katzen-Eine Verhaltenskunde.

猫咪的基本表情

① 正常　　② 发怒　　③ 恐惧

注意猫咪眼、耳、胡须的动向

防御性威吓

哈！

尽管内心恐惧但没有办法，依然进行威吓

3-2 解决一起饲养的猫咪间的攻击性行为

威吓、抓挠、撕咬

由于自然界的猫咪是单独捕获猎物的，和犬之类的群居动物相比，社会性较低，会和其他猫咪在保持一定距离的基础上，共有一部分领地，并在其中单独行动（特殊时期除外，例如在母猫分娩后的育儿期，猫咪会和情况类似的母猫一起合作饲养幼崽）。

然而，如果猫咪有充足的空间以及食物（猎物或食品），两个以上的喵星人也可以形成群体，在保持一定程度的社会关系的同时共同生活。

那么，家养的猫咪是什么情况呢？

如果同时饲养两只以上的猫咪，就会产生猫咪同类之间的相互关系。也就是说，这种相互关系可以用猫咪数量×（猫咪数量 −1）的算法来表示。比如饲养了3只猫咪，3×2=6，就有6段相互关系；饲养4只，4×3=12，就有12段相互关系。如果同时饲养6只，就会产生多达30段的相互关系。

饲养多只猫咪的要点

饲养多只猫咪，如果已经做完绝育或者避孕手术，并且给猫咪们足够的空间和食物，一般是没有问题的。但是，即使猫咪之间没有激烈的打架争斗，多增加一只猫咪，也会给原有猫咪带来想象不到的社会压力。

为了避免这样的情况，请稍微思考一下饲养多只猫咪的时候应该注意的事情。

从猫咪之间的相互关系发展出的可能排序

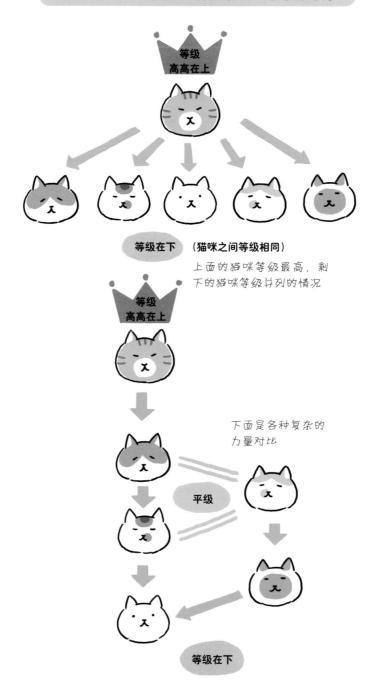

等级高高在上

等级在下 （猫咪之间等级相同）

上面的猫咪等级最高，剩下的猫咪等级并列的情况

等级高高在上

下面是各种复杂的力量对比

平级

等级在下

😺 慢慢有类似的等级排序

本来不是共同捕获猎物的猫咪之间没有明确的等级排序，但是如果在室内饲养多只猫咪，会从多种相互关系中产生社会关系。比如有6只猫咪，可能会出现第77页插图中所示的等级关系。

在群体中，根据性别、年龄、大小、健康状况、气质性格等多种因素，会自然分出等级。但是这也不是绝对的，会有不稳定因素出现，事实上，这种排序组织是不为人所知的。只是大多数情况下，没有进行过绝育手术的公猫排在进行了手术的公猫之上，母猫无论是否进行过避孕手术，等级都差不多。

通过图确认相互关系

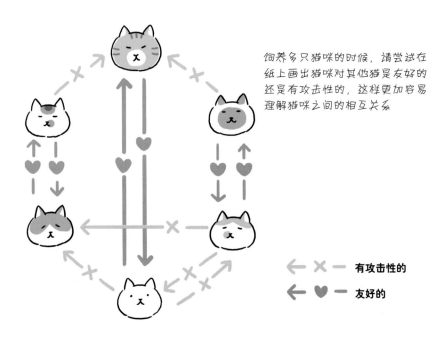

饲养多只猫咪的时候，请尝试在纸上画出猫咪对其他猫是友好的还是有攻击性的，这样更加容易理解猫咪之间的相互关系

←✕— 有攻击性的

←♥— 友好的

避免生活在一起的猫咪展示攻击性

对于主人经常不在家的情况，如果能一开始就饲养两只以上的猫咪，满足猫咪的行为需求，让猫咪从精神和肉体上都得到满足，是最理想的状态。主人在惊叹于每一只猫咪独特性格的同时，还能和多只喵星人相伴，一起生活，真的是令人神往。当然，这是猫咪之间关系融洽时的写照。

即使是亲生的猫咪，小猫在成长时和猫妈妈性格不合的情况也屡见不鲜。若猫妈妈的社会性欠佳，无论小猫是公还是母，猫妈妈在小猫性成熟的时候都会出现对其穷追不舍的可能性。

如果母猫在家中分娩，生下一只小猫，并且猫妈妈是具有社会性的。那么，主人应首先给猫妈妈做避孕手术，然后再和小母猫一起饲养小猫。

如果饲养多只猫咪，理想的情况是主人一开始就同时收养两只小猫。如果公猫和母猫在早期（特别是公猫）就进行了绝育或避孕手术，没有特别需要注意的性别组合。如果是血缘相近的兄弟姐妹幼崽，之后一直保持融洽关系的可能性很高。

应该如何处理按顺序增加猫咪个数的情况

猫咪的社会性很大程度上会受到其性格、社会化时期的环境和经验的影响。如果小猫在社会化时期（2～8周）没有接触过其他猫咪，或者即使接触了，但是之后数年都是单独生活，这种情况一般不适合同时饲养多只猫咪。猫咪独自生活的时间越长，和其他猫咪相处融洽的概率就越低。

和人一样，猫咪之间也有性格相和、气味相投、缘分相近的说法，不能一概而论。如果是比较年轻健康、社会性良好又进行过绝育或避孕手术的猫咪，一般来说，进行多只饲养时，性别没有关系，但请尽量饲养年龄相仿、性格相近、体型相似、品种相同的猫咪。这样，猫咪喜欢的活动和游戏相似，性情相近，关系融洽的概率会大大增加。

此外，如果家里一直饲养一只猫咪，并且这只猫已经步入老年，这时如果有新的小猫加入，小猫没法和老猫一起嬉戏，而且会给老猫造成极大的压力，应该尽量避免这种情况。如果实在要领养猫咪，同时领养两只小猫也是一种方案。如果要饲养三只猫咪，不管怎样都会形成二对一，三只猫关系同样好的可能性很小。

● 见面的准备

如果可能，应该提前交换猫咪的气味，比如，可以在新猫加入的几天前把沾染新成员气味的毛巾和沾有家里猫咪味道的毛巾互相交换。这样，由于见面前双方已经熟悉了彼此的味道，见面时的压力会有所缓解。预先让新成员习惯将要带它回来用的便携笼子，也会减轻猫咪的压力。

● 见面的当天

首先在猫咪互相见面的房间里准备足够的可以躲避的场所、进食的地点和猫咪厕所等。让家里的猫咪先熟悉一下，然后把它放出来，让便携笼子中新来的猫咪进去。**这个时候，要留给新成员充足的时间来探索该房间（至少30分钟）**。两只猫咪都有一定的社会性之后，再让家里饲养的猫咪进去。

如果新来的猫咪怎样都不肯从便携笼子中出来，那它属于非常害羞的性格，而恰巧家里原来那只猫咪个性又非常强的话，就不要勉强了，可以让新来的喵星人在那个房间里生活几天，慢慢熟悉新空间之后再让双方见面。要给新成员留足时间，使其熟悉躲避、逃跑的场所。

也有怎么都没法处好关系的猫咪

蹭蹭

刷

一个人是最好的，喵！

能否和其他猫咪处好关系（有社会性），取决于猫咪的性情、社会化时期是否接触其他猫咪以及之后的经验

给两只猫创造能安心躲藏的地点是非常重要的。

双方初次见面那天是相当重要的。主人请保持好像什么事也没有的安静状态，不要突然抱起猫咪介绍"这是……"，不要强制性地靠近猫咪，请自始至终尊重猫咪的意愿。在装作镇静的同时，请仔细观察猫咪们的状态。如果有一方开始激烈威吓，打架一触即发的话，不要犹豫不决，要立刻终止当天的见面。在这种情况下，要继续交换两只猫咪的味道。可以先是只在进食的时候让双方见面，然后一点点延长见面时间。

见面前

首先慢慢探索房间

喵！

这里安全吗？喵！

会面

好的！

初次见面，多多关照！

理解主人想让双方尽快处好关系的心情，但是不能急躁

● 后续

猫咪即使表现出对其他猫感兴趣，也会互相保持一个安全范围，一旦越过安全范围，就会威吓对方。

逐步缩短安全距离，让双方互相认可大概需要几天甚至几周的时间。当然，要给每只猫咪准备足够的睡觉、进食、躲避、磨爪、厕所等地点。主人要和平时表现一样，安静地观察猫咪的动态。

● 人也可以介入

若6~8周过去之后，猫咪间的安全距离仍没有缩短，主人可以介入，慢慢让它们互相习惯。比如同时给两只猫喂零食，陪它们一起玩。这个时候，一定是把先来家里的猫咪放在优先地位。理想的状况是，每只猫咪由不同的家庭成员分别照顾。

把美味的金枪鱼罐头中的汁稍微抹到两只猫咪身上，猫咪会开始整理毛发，有助于它们消除紧张感，放松下来。如果两只猫咪开始互相舔毛，当然最好不过了。如果先来的猫咪是受宠的，主人应该对它比平时更好。

偶尔，先来的猫咪会感到自己的领地受到侵犯，做出攻击姿势并攻击新来的猫咪。这种情况下，不只是猫咪，主人也要避免受伤，可以马上扔条毛巾把猫咪包起来，暂且把两只猫抱到别的场所隔离开来。主人请参考第90页的内容，耐心地努力让猫咪们互相习惯，实在不行的话，放弃新来的猫咪也是选择之一，虽然很可惜，但也可以斟酌考虑。

猫咪之间有关系特别好的，有经常打架的，也有互不吸引、漠不关心、关系处不好但也不打架的情况。

不要完全交给猫咪们，主人也要管理控制

主人介入其中

扭来扭去

扭来扭去

玩耍嬉戏

美味的食物或
金枪鱼罐头汁

宠爱

先来后到，先来的猫咪是优先的！

主人介入，在中间安排调停。要点是先来的猫咪要优先考虑

向同居猫咪发动进攻性行为的原因

向同居猫咪展现进攻性行为的原因大体可分为以下4种类型，但并不是所有的攻击性行为都能囊括进这些分类中。正如人类社会的家庭成员有时也会发生口角一样，喵星人也会在焦躁不安、心情欠佳的时候，和其他猫咪小打小闹，或因为特别兴奋而让嬉戏升级。猫咪在打架的时候，应仔细判断哪一方是攻击方，哪一方在采取防御姿势，这点非常重要。

❶ 防御性进攻

同居的猫咪出于某种原因成为危险对象，为保护自身安全，猫咪会采取防御性进攻。请参考本书第70页中的描述。

❷ 转嫁进攻

猫咪有时会对关系一直非常好的猫突然发动转嫁进攻。猫咪会被自己攻击不到的对象刺激而怀有进攻性，比如窗外徘徊的野猫，这种郁结不发的忧郁和愤怒会发泄在身边的猫咪身上。转嫁攻击对象的做法真可谓"怒于甲者，又移于乙"。

当猫咪被某种气味或者突然的噪声刺激吓到，尾巴被门夹住或者被人踩到受刺激时，也会出现这样的"转嫁进攻"。

更加麻烦的是，有时即使没有刺激源（比如上述的野猫），喵星人也会对其他猫咪不断展示攻击性行为。严重时，猫咪只要看到同居的其他猫就会受刺激进而反复进攻。主人如果找不出受刺激的原因，面对突然的攻击性行为经常会困惑不解。

当然，被攻击的猫咪也不是"软柿子"，能让人随便捏，它要么逃走，要么在被攻击前威吓对手，采取防御性攻击。这种状态持续的时间越长，猫咪之间的友谊就越会出现裂痕和隔阂，再修复就非常困难了。

❸ 领地攻击

无论是公猫还是母猫，达到性成熟之后，公猫为确保伴侣所在地、母猫为保护幼崽成长，都会守护自己的领地，展示出领地攻击。但是，

真的是"怒于甲者，又移于乙"。受害一方真的是无比困惑

做过绝育或避孕手术并且在室内饲养的猫咪，如果有充足的食物和休息空间，领地的意识会比较薄弱。

特别是从小就和其他猫一起生活的猫咪，习惯食物和生活空间的分配，几乎不会出现领地性进攻。

但有些做了避孕和绝育手术的猫咪，领地意识也非常强，坚决要守护食物、休息场所等有限的室内"资源"。

没有领地性进攻的猫咪在新成员加入的时候，有些也会对新加入的猫咪展示出强烈的领地攻击。

❹ 社会性攻击（优势攻击）

饲养多只猫咪时，如果喵星人之间的紧张关系和排序没有得到缓和，它们会出现社会性攻击，也被称作"优势攻击"。猫咪用身体语言避免没有必要的纷争。

然而，在早期（出生后5周之前）就离开母猫和兄弟姐妹的小猫，如果也没有和其他猫咪交流的机会，有的在长大以后也不清楚该如何与同类交流。这种情况下，有的喵星人会惧怕其他猫咪，精神变得十

争夺领地

一般来说，没有做绝育手术的公猫的领地是母猫以及做过手术的公猫的3.5倍。猫咪丧失躲避的空间也是发生争执的原因

处在优势地位的猫咪喜欢占据高的地点

喵一!

我是第一!

第三 俺排

一般处在优势地位的猫咪会占据视野好的高地以及其他猫咪经常穿梭的通道。尽管如此,猫界也有"先到先得""巧妙利用时间差"的规则。外向的、社会性高的猫咪在进食以及与人类接触、玩耍的时候,比内向害羞的猫咪更占优势

分不安,会因不能很好地控制情绪而发起攻击。

猫咪之间的关系与气质和性情有很大关系,另外,有时个性强的猫咪也会欺负胆小害羞的猫。没有新鲜感、无聊沉闷的生活环境以及压力会对猫咪的攻击性产生推波助澜的作用。

🐾 攻击性行为的处理方法

● 消除发生原因

对于转嫁进攻,要明确产生的原因并努力消除。如果根源是隔壁的猫,可以采取行动让猫咪看不到它。

猫咪之间若发生激烈争执,要弄清争执的原因,在矛盾激化前就把猫咪完全互相隔离开,并耐心地逐渐让它们彼此习惯。争执斗殴发生的次数越多,关系恶化持续时间越长,它们和好如初的可能性就越

低。所以，主人应该当机立断，马上采取措施。

为避免猫咪之前的冲突，主人应设立足够的空间，特别是要给猫咪提供其他猫咪看不到的场所以供躲避，努力创造让猫咪安心的环境，让喵星人有渠道充分发泄精力，并主动和它们玩耍嬉戏。这些都是非常重要的。

● 为公猫做绝育手术

没有进行过绝育手术的公猫和同类之间如果经常发生激烈冲突，做过手术之后，猫咪守护领地的意识（确保伴侣所在地）会降低，领地性攻击也会减少。

● 相互隔离

遇到猫咪之间发生冲突时，即便担心它们会受伤，也绝对不要出手干涉。不要劝解、不要慌张也不要发怒，可用大毛巾把猫咪包裹起来带到其他房间。猫咪从这种兴奋状态中平静下来，至少也要耐心等待两个小时。

等到进食的时候再尝试让猫咪碰面，如果它们还表现出紧张和兴奋状态，就把它们完全隔离，让彼此慢慢互相习惯。

● 判断猫咪间的关系

处在优势地位的猫咪会以一种悠然自得、从容不迫的状态，一点点逼近胆小害羞的猫咪。这个时候，主人会偶然看到被追赶得无处可躲的猫咪的恐惧神态，它们一边发出"呜呜"声，一边采取防御性攻击，有时候，主人会把被追赶的猫咪与凶暴的猫咪搞混。

平时要多留意猫咪的身体语言，判断猫咪是在嬉戏打闹还是真的在打架、哪只猫咪处在上风等，这在一定程度上会帮助主人掌握和理

不要只通过表情判断

左侧的猫咪追赶右侧的猫咪，右侧的猫咪处于恐惧状态，采取防御姿势威吓对方。主人看到右侧猫咪摆出一副可怕的表情，有时会判断错误，以为它是那只凶暴的猫咪

解猫咪间的关系。

一直被逼赶、被欺负的猫咪也可能患有某种疾病，最好让兽医检查一下。虽然没有科学根据，但猫咪能比人类更早察觉同类的病情（比如肿瘤），会抓住这个弱点趁机欺负患病的猫咪。

一直是被追赶对象，战战兢兢、畏首畏尾、东藏西躲、胆小害羞的猫咪就算去了其他有猫的家庭，也很有可能成为那些猫咪欺负的对象。所以，这样的猫最好在没有其他猫咪的环境下饲养。

● 让关系恶化的猫咪慢慢彼此适应

如果两只猫咪关系急剧恶化，或者猫咪性情不合发生严重欺凌现象，要把两只猫咪完全隔开，让它们慢慢彼此习惯。

❶ 首先把两只猫咪分别放到不同的房间或者走廊上，将它们彼此完全隔离开，并且分别准备好进食、磨爪、休息和上厕所的地方，给猫咪创造能让它安心的环境。这个时候，要让它们完全看不到彼此，可以用瓦楞纸板或者布遮蔽视线，也可以利用宠物用隔断、儿童用门、

玻璃门、家中的纱窗等，还可以用扎带把市面上卖的金属丝网或者护墙板固定在顶棍上。

❷ 根据猫咪间关系变坏的程度，可以用几天至两周的时间把两只猫完全隔开。这个时候，每隔一天要交换猫咪休息场所的毛巾，轮换猫咪所在房间，让双方共有彼此的气味。

❸ 然后，只在进食的时候让它们彼此看到。这是为了给猫咪创造"对方的存在＝好吃的东西＝喜欢满意"的联想。最初放食物的时候，要保持充足的距离，然后逐渐缩短猫咪盛食物的盘碗的距离，标准是每两日挪近约5厘米。进食的时候，确认猫咪必须处在放松的状态下。如果任意一只猫咪表现出刺激、兴奋的状态，就要把盘碗的距离重新调远，回到之前的距离。绝对不要取消界限，要注意观察猫咪的样子，至少要有连续3周的精神准备，让猫咪一点一点彼此习惯。

❹ 最终阶段。让猫咪跨越隔断（没有视线遮挡），如果它们能放松进食，就可以拿掉间隔，主人进去同时给两只猫咪喂食（零食）。逐渐缩短它们之间的距离，喂它们喜欢吃的零食。如果之前猫咪之间的关系很好，还可以在猫咪身上涂抹金枪鱼罐头的汁，让猫咪互相舔。另外，拿出隔断的时候可以让它们玩耍嬉戏，给每只猫咪它们喜欢的东西。最理想的是每人负责照顾一只猫咪。

如果奏效的话，观察猫咪的状态，拿掉挡板的时间可以每日一点点延长（不要着急，以10分钟为单位）。如果猫咪出现紧张或兴奋的状态，要立刻进行隔离，一定要看紧了。如果猫咪能在一个房间里待两个小时而不出问题，可以让它们在人能看到的时候处在一起。如果这种状态持续一周的话，就可以让猫咪完全在一起了。

如果两只猫咪的关系突然恶化，可能的话，把两只猫放进它们完全没有出入过的房间，同样，慢慢地增加它们在一起的时间。对于新房间的探索欲会弱化关系恶化的猫咪间的攻击性，用这种方式有时候会让它们顺利地修复关系。

让猫咪互相习惯的方法

顶棍

把市面上卖的格子护墙板或者网固定在顶棍上……
也可以采用其他方式

❶ 让猫咪慢慢习惯彼此。
❷ 完全隔离，让它们完全看不到对方。
❸ 互换气味。
❹ 只在进食的时候让它们隔着网看到对方的脸，进食的碗保持足够的距离。
❺ 只在进食的时候让它们隔着网看到对方的脸，慢慢挪近饭碗。

要点！
主人切勿焦躁，一定要确认猫咪是放松的。
❻ 拿掉隔离，让它们一起玩耍。延迟喂零食的时间。

要点！
主人一定要看紧了！

● **改善环境**

请参考第6章，为猫咪创造舒适的生活环境。特别是避免猫咪间发生冲突，要留足空间，特别是利用纵向的空间，给每只猫充分的空间供其躲避。无论猫咪的关系有多好，给每只猫留一个谁也无法打扰、可以完全放松的"私人空间"是绝对必要的。例如，可以移开书架中书籍，在椅子上放一块布遮住，放一个瓦楞纸板箱等。请发散思维，给猫咪打造隐蔽的私人空间。

● **和猫咪一起玩耍**

请参考第6章，调动猫咪的主观积极性，和它一起玩耍。让猫咪发散精力，消除其压力。

● **费利威或费利友的使用**

费利威或费利友有时候也有效果。用棉球轻轻擦拭猫咪的脸颊周围，把棉球给别的猫咪，能缓解猫咪间的紧张感（请参见第6章）。

● **药物疗法**

面对较难解决的情况，为了缓解猫咪的不安全感，较好地控制兴奋状态，让猫咪精神放松，可以使用提高脑内神经传达物质——血清素（5-羟色胺）浓度的抗抑郁剂。不过，只是单纯的药物治疗解决不了问题，药物疗法和其他方法配合，作为辅助治疗还是非常有效果的（请参见第6章）。

改善环境

请一定为每只猫咪创造能让它们喜欢并且能安心
休息的场所。很多猫咪都喜欢高的地方

相处融洽的姐妹

问题

姓名：小黑、牛奶

性别：女

年龄：两岁

小黑和牛奶是一对猫咪"姐妹花"。

它们出生三个月的时候，我从朋友那里把它们抱来。它们有时候也会打架，但是关系很好，经常互相舔毛，睡觉的时候也依偎在一起。它们虽然完全养在室内，但是我家阳台有张网，它们可以自由出入。

情况大约发生在四天前的晚上10点左右。我突然听到猫咪大声惨叫，慌忙来到阳台，看到牛奶向小黑猛扑过去，扭打在一起。我不得不用扫帚把两只猫分开。因为它俩都受了刺激，异常兴奋，我连忙把它们分别放进不同的房间。小黑可能是被抓伤了，头上好像有一点伤。

第二天早上，两只猫看起来都恢复了平静，我正准备让它们在一起的时候，没想到，小黑一看到牛奶就发出吼声（牛奶和平时一样），很快表现出又要扑过去的样子，我马上把它们拉开了。两只猫从前关系那么好，这到底是怎么了？

❀ 诊断

其实，早在半年前就发生过类似的事情。当时邻居的公猫一靠近阳台，这对"姐妹花"就开始兴奋不安，一边吼叫一边打架。几天之后平静了下来，之后也没有发生什么事，两只猫的关系和之前一样好。现在不能断定四天前的晚上究竟发生了什么，有可能是邻居的公猫再次现身，其气味和声音让它们联想到了半年前受的刺激，于是其中一只猫咪出于兴奋刺激，扑向了另一只猫。

牛奶攻击小黑，给小黑的心里留下了创伤。小黑感觉牛奶很危险，为了保护自身采取了防御性进攻。

❀ 对策

完全不让野猫来挺难的，为了避免两只猫再次发生冲突，一是在主人没法照看的时间（特别是晚上）不让它们去阳台；二是把小黑和牛奶完全隔离开几天，分别为它俩准备进食、睡觉和上厕所的地方，为它们创造安心的环境；三是每隔一日交换它们所在的房间，这样让它们互相熟悉彼此的气味；四是只在进食的时候让它们隔着网看到对方，慢慢拉近餐碗的距离。

进食时要特别确认小黑处于放松的状态。只要任何一方表现出受到刺激和兴奋的状态，都要再次拉开餐碗的距离。

牛奶和小黑如果隔着网见到对方也能放松进食的话，可以拿掉隔断，主人介入，同时给它们喂喜欢吃的食物，再渐渐缩短它们之间的距离。最后让猫咪产生"对方的存在＝好吃的东西＝喜欢满意"这种联想。另外，拿掉挡板的时候，主人还可以陪猫咪玩耍，做小黑和牛奶喜欢的事情。拿掉挡板的时间可以每日稍微延长一点。如果小黑和牛奶能在一个房间里待两个小时而不出问题，那么在主人能看到的时

意外的事情让关系恶化

避免重蹈覆辙，重要的是要消除牛奶受刺激的根源，同时修复小黑和牛奶的关系

间里，可以让它们待在一起。若这种状态能持续超过一周，就可以让它们俩在一起了。

同时，也需改善环境，规律地主动陪小黑和牛奶玩耍。为避免今后再次发生冲突，让一对"姐妹花"安心，可以分别增加它们休息和躲避的场所。

不要心急，一点一点修复猫咪的关系

1．完全隔离

用瓦楞纸板
之类的遮挡视线

2．进食的时候拿掉遮挡板

3．一点一点挪近餐碗的距离

放松

4．隔着主人喂食

承蒙
关照……

5．近距离喂食

早日
和好如初哈！

6．皆大欢喜

如果猫咪之间的关系恶化，主人不要慌张，让两只猫慢慢习惯，拉近距离

3-3 对人类的攻击性行为

威吓、抓挠、咬人

猫咪在社会化期间如果没有和人类有过接触，一旦和人相处有不好的经验，就会对人产生恐惧心理，进而会因为不安而出现攻击性行为（防御性进攻）。如果猫咪在社会化期间与人类有过接触，那不管猫咪是否与人为亲，出现了对人的威吓、抓挠或咬人等攻击性行为的话，一定是有原因的。搞清其中的原因是非常重要的。

不管什么情况，只要猫咪做出威吓的姿态，都必须和喵星人保持安全距离，不要再让它受到刺激。猫咪的兴奋状态有时候比想象的持续时间还要长。

如果被猫咬到，应该冷静处理，马上用流动的水冲洗消毒。即使只是轻伤，保险起见，还是到医院检查一下吧。猫咪口腔内的巴斯德氏菌等引发感染病的概率高达50%以上。和狗相比，猫咪的牙齿小，却可以留下深深的伤口，因此，尽管细菌在内部不断繁殖，伤口看起来却处于相对闭合的状态。严重时，炎症会扩散至手部神经、肌腱和骨头，最坏的结果是会造成免疫力下降，出现酒精中毒甚至罹患败血症等病症。

虽然猫咪主动攻击人类的情况几乎没有，但是如果喵星人突然毫无原因地向人发起激烈的攻势，请不要让它受更多的刺激，主人应该考虑猫咪是否可能患有某种疾病，比如癫痫、中枢神经感染、肿瘤、甲状腺功能亢进症（参见第171页）、知觉过敏症（参见第172页）、多动性障碍症（参见第173页）等，一定要让兽医检查一下。

被猫咪咬了应该怎么办？

被猫咬到……

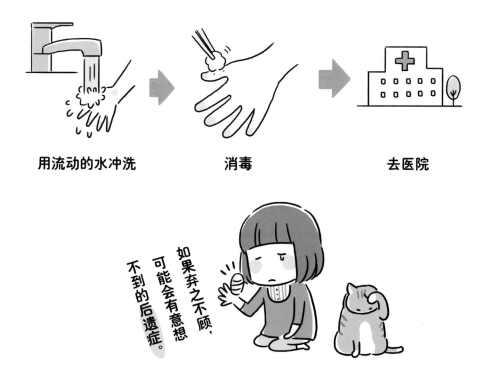

用流动的水冲洗　　消毒　　去医院

伤口虽小却很深，切勿疏忽大意

🐾 攻击人类的原因

猫咪对人类的攻击性行为按照原因划分大致可以分为以下六种类型。

❶防御性进攻

猫咪小时候社会化不足，或者在同人类接触的时候有被欺负的经验，所以害怕人，常常进行防御性攻击。即使是社会性较充分的猫咪，由于主人不当的处理方式（斥责、体罚等），也会表现出防御性行为。另外，防御性攻击也分场合，比如突然受到惊吓、感到害怕等。

❷爱抚引发的攻击

主人抚摸猫咪的时候，猫咪无论是否感觉舒服，一旦触碰到它的腹部等敏感部位，有的猫咪会突然抓或者咬主人的手，或用后脚踢。这些行为被称作"爱抚引发的攻击"。

这样的喵星人对抚摸身体的容忍度很低。不同的猫咪对抚摸的容忍度有所不同。有的猫咪小时候没有被人抚摸过，跟人的亲密接触也很少，对人轻微的手部抚摸反应敏感，对抚摸的容忍度也很低。

猫咪会释放"已经够了"的信号，如果主人没有注意到，仍继续抚摸的话，就会出现猫咪"突然改变态度反咬主人一口"的情况。

❸对主人展开的捕食行为和游戏进攻

有的猫咪会把人类来回移动的脚看作猎物，悄悄地靠近，放低身体，然后猛地跳起来扑上去，展现"捕食行为"。虽说是捕食行为，但并不是真的想吃主人的手和脚，而是喵星人看到动的东西就会想要抓捕，这是猫咪的捕猎本能引起的行为。猫咪受到特定的动作和声音刺激时，即使不饿，也会捕捉猎物。

抚摸引发的攻击

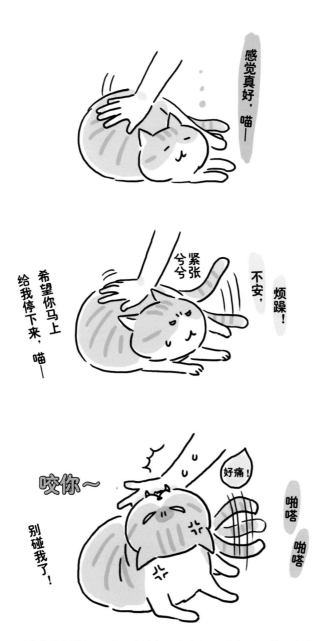

敏感地察觉到猫咪的表情和动作变化，根据情况斟酌应变

另外，有的猫咪和主人玩得正酣、陷入兴奋状态后，会对主人晃动的手进行抓咬，这是"游戏进攻"。

猫咪出生12周内，在和兄弟姐妹的相互追赶、猛扑以及撕咬中，会学到"撕咬也是有限度的"。但是对于小时候没有这样社会学习机会的猫咪来说，它不清楚跟人类相处应该用多大的劲咬。

再者，养在室内的猫咪由于和其他猫咪嬉戏或者跟主人有互动游戏的体验，狩猎本能可以得到满足，然而，当欲求不能得到完全满足的时候，也会对主人的手和脚进行捕食行为。

主人越是逃避或者表现出不安，猫咪越会认为自己战胜了对手，对主人发起的捕食行为或游戏进攻便会升级。和猫咪之间不适当的游戏导致猫咪的捕猎本能无法得到满足也是猫咪出现"游戏进攻"行为的原因。比如，主人用手挑拨猫咪追赶，或者用激光笔在墙上移动并让猫咪追捕，猫咪会认为抓或者咬手也是没有关系的，也会因没办法捕捉到激光笔在墙上的光而使欲求无法得到满足。

❹ 转嫁进攻

猫咪有时也会向周围的人（主人）发起进攻。对于转嫁进攻，本书第85页已经阐述过了。

❺ 疼痛引发的攻击

在为猫咪进行身体护理或处理伤口的时候，比如在看兽医时，因检查或梳毛等引发疼痛，猫咪会因为感受到疼痛而发起"疼痛引发的攻击"。

❻ 领地性攻击

少数情况下，猫咪会为维护自身领地对来客采取"领地性攻击"。

对主人的捕食行为

虽然令人困扰，但是出于狩猎本能，猫咪对于晃动的脚会忍不住扑上去

🐾 对攻击人类的猫咪的处理方法

若猫咪发现通过攻击行为能摆脱不利的状况，攻击性行为就会愈演愈烈。主人应从充足的躲避场所开始努力，为猫咪创造安心的环境，分散猫咪的精力，主动和猫咪互动玩耍也是非常重要的。

❶ 防御性攻击

猫咪在处于兴奋、恐慌的状态下会采取防御性威吓或防御性攻击，此时绝对不要安慰也不要靠近猫咪。如果被猫抓伤或者咬了，不论出于什么原因，都不要大声呵斥或惩罚猫咪，可以无视它。无视是指不看它、不和它说话、不碰它。然后静静地离开房间，关上门，最少也要等30分钟。猫咪的兴奋状态有时会我们比想得要更久，请看一下情况再决定。

即使再次进入房间，最初的2～3分钟也要无视猫咪的存在。如果对猫咪进行体罚，猫咪会变得害怕主人，和主人之间的关系也会恶化，会对主人采取防御性进攻。

❷ 爱抚引发的攻击

首先，如果猫咪有讨厌被摸的敏感地方（比如腹部），最好不要触摸这些地方。要等猫咪处于放松的状态、心情好的时候再抚摸它，这时主人也要放松，动作要慢，一边叫着猫咪的名字，一边进行爱抚。

最初抚摸的时间要短一点，然后一点一点延长。主人要从猫咪的表情、姿势、尾巴的摆动等方面判断猫咪微妙的心情变化，在猫咪变得烦躁之前一定要停下来。判断这个时间点并非易事，平时要注意认真观察猫咪的样子，一边看电视一边摸是不行的。

如果看到猫咪焦躁不安的样子，就要立刻中止抚摸，比如猫咪静静凝视着主人的手，身体横扭，耳朵横向倾斜，尾巴大幅度摆动，毛发倒立。猫咪出现这些情形时，主人应该慢慢把手撤回来。如果猫咪要离开的话，千万不要制止，要让它自由离去。

❸ 针对主人的捕食行为或游戏进攻

自然界的猫咪平均一天要花3个小时以上来搜寻、靠近、捕获猎物。室内饲养的猫咪没有捕猎的必要，但是却要满足它的狩猎欲望。如果能让猫咪在游戏中捕获猎物、充分发泄精力，就能让它身心得到满足，它和主人之间的感情也会更深。

如果发现猫咪在偷偷靠近主人的脚，有扑上去的打算时，可以通过拍手或者迅速扔出团状的纸、玩具老鼠等方式转移它的注意力。请主人每日陪猫咪互动玩耍两次，一次至少15分钟（请参见第6章）。请避开用手挑衅或者让猫追赶的游戏，如果在玩的过程中，猫咪因兴奋咬人的话，请马上中止游戏，离开房间并且无视猫咪的存在。在游戏的过程中，要控制猫咪的兴奋度，游戏结束前要进行缓和运动，最后让猫咪捕获猎物，**在它得到满足的时候刚好结束游戏**，这样，不满的欲求就很难积攒起来了。

❹ 转嫁进攻

搞清猫咪转嫁进攻的场合和原因，并且消除。尽早觉察猫咪的兴奋状态，极力避免猫咪展开攻击性行为。

❺ 疼痛引发的攻击

如果有梳毛的必要，需要和处理爱抚引发的攻击一样，让猫咪一点一点慢慢习惯。最好是让猫咪从小就适应梳毛，如果不适应的话，

注意认真观察猫咪的样子

啊？它已经开始讨厌了吧？

烦躁！

够了，你停下来吧！

迅速掌握猫咪的烦躁程度，从而避免爱抚引发的攻击

要等猫咪放松的时候再梳。

最初"只是把梳子放在猫咪身上"，然后"只梳一次"。不要急躁，让猫咪一点一点慢慢习惯，最好先从猫咪不讨厌的身体部位开始。

这个时候，预先准备好猫咪最爱吃的零食（准备的量请从猫咪一天的食量中抽出），在给猫咪梳毛的时候喂食，然后一点点延长刷毛的时间。

无论何时，只要猫咪开始厌烦，主人就要离开该地，千万不要摁住猫咪硬给它梳毛。此外，请不要选择过密的梳子。

❻ 领地性攻击

领地性攻击是猫咪针对进入自己领地（家中）的人类发起的攻击。没有做过绝育手术的公猫偶尔会对人进行威吓或攻击。

在这种情况下，领地性攻击的对象是"没有见过的人"，比如说来家里修东西的人、第一次来家里的客人等。所以，一开始就把猫咪领入别的房间不失为一种上策。

对第一次见到的家里人，猫咪也会显示出领地性攻击，有必要让猫咪慢慢熟悉。最好的方式是让这个人来喂食，不要勉强接近猫咪，直到猫咪认定这位是"家里人"。要给猫咪留出充足的时间。

梳毛也要慢慢让猫咪习惯

梳毛看似简单，实际还挺深奥的

梳毛的秘诀

- 绝对不要强摁猫咪。
- 在猫咪放松的时候进行。
- 最开始只把梳子放在猫咪身上。
- 梳一会儿就给猫咪食物（零食）。
- 不要急，慢慢增加梳毛的次数。
- 只要发现猫咪有厌烦的情绪，立刻停止。

事例 猫咪扑脚、咬人

🐾 问题

> 姓名：虎子
>
> 性别：男
>
> 年龄：3岁，已做过绝育手术

　　虎子是被遗弃的猫，大概6个月大的时候，我们开始给它喂食，并决定饲养它。以前它也会出去，一年半前，在我们搬家之后，它就完全被养在室内了。我们是一对70多岁的夫妻，在家中待的日子很多。在我走路的时候，虎子会突然跑过来扑到我脚上。这个我还能忍受，原本以为抚摸虎子会让它感觉很好，但是它却突然用力咬我的手，血都快咬出来了。我先生没有被咬过。虎子平时和我更亲近，摸它的时候它也感觉很好，为什么它会做出这种事呢？

🐾 诊断

　　猫咪过来扑脚，是"针对主人的捕食行为或游戏攻击"。虎子之前有时候会到外面玩耍，而现在，搜索、靠近、捕捉等狩猎行为都没有办法得到充分满足，它的精力就发泄在了主人的脚上，把主人的脚当成猎物，慢慢靠近，猛地扑上去。虎子才3岁，精力旺盛，为了发泄精力，它必须有充足的运动量。

　　咬主人这件事是"爱抚引发的攻击"。虽然被主人抚摸感觉很好，但是一旦涉及腹部等敏感部位，有的猫会突然咬人。虎子是被遗弃的猫咪，从小就很少与人有肢体的亲密接触，这也是对爱抚反应很敏感的原因之一吧。

行动半径变小，压力增加

从前可以出去的时候，喵——还能捕猎呐，如今赋闲在家，更想出去玩了，喵

以前还能出去，突然就不行了，这让猫咪感受到很大的压力

🐾 对策

主人有必要根据虎子的活动性让它充分玩耍、游戏，可以使用带子或逗猫棒之类的玩具，让猫咪把玩具当猎物，满足其狩猎本能。至少每天跟它玩两次（早晚），一次15分钟，积极创造和虎子的嬉戏时间。直接追人的手和脚的游戏要避免。

此外，环境也要改善，要让虎子能做足够的运动，利用纵向空间高低平面的差异，或利用阳台给虎子创造能观察到外界的空间。进食的时候，也可把干燥的食物藏起来，让它积极寻找。

即使虎子过来扑脚或者咬人，也不要大声训斥或者体罚它，要安静地离开房间。如果主人做出回应，虎子会认为"对手有反应"，攻击

用各种玩具跟猫咪玩耍

主人要更加积极互动地和虎子玩耍，能从身心上满足它，可使用各种玩具逗猫

性行为会愈演愈烈。

针对"爱抚引发的攻击"，抚摸的时候要特别注意不要被咬到。虎子在咬人的时候学到"如果咬手，主人就会停下来，不摸我了"，这样反而会强化其咬人的行为。主人一定要避免受伤。

抚摸虎子的时候，切记要注意观察它的状态，如若注意到虎子开始表现出不耐烦的样子，要马上停下来，像什么也没发生一样，慢慢地把手撤回。最初不要触碰虎子不想让人碰的部位（腹部等）。

满足猫咪的狩猎本能和好奇心

主动寻找食物

如果猫咪有能观察到外界的地点，会非常满足

知识链接

 有猫咪语言吗

　　喵星人非常擅长运用面部表情和身体语言进行沟通，那它们在语言方面怎么样呢？和人类一样，猫咪也是千猫千面，有完全不叫、非常沉默的猫咪，也有十分健谈的猫咪。猫咪"喵喵"的叫声经常用于问候人或者表达诉求，比如"请给我饭吃""开门"等。实际上，如果长期和猫咪生活在一起，根据猫咪"喵喵"的叫声，很多主人能充分理解猫咪。

　　猫咪心情好、感到安心的时候会发出"呼噜呼噜"的声音。刚出生的小猫在喝奶的同时也会发出"呼噜呼噜"的叫声，猫妈妈感受到小猫呼噜的震动，可以安心地闭上眼睛。

　　关于这种"呼噜呼噜"是怎么发出的，众说纷纭，至今还没有明确的解释。但是，有的猫在生病或受伤、极度衰弱时也会发出"呼噜呼噜"的声音，所以，这种叫声应该有稳定情绪、缓解疼痛的效果，特别是能促进骨骼和筋肉的治愈。这样来说，骨折的猫咪发出"呼噜呼噜"的声音，伤痛能更早治愈。猫咪身上的未解之谜还有很多。

第4章

解决猫咪的不安行为

4-1 不安行为是指什么

　　包括猫咪在内的所有动物都有**警戒心**。它们总是不断留意周围，感到危险之后就马上回避，这是一种在自然中生存的保命能力。特定的刺激（声音、气味、物体和敌人等）传入大脑之后，动物会有天生的"惊恐反应"，并产生害怕或不安的情绪。

　　即使没有人教，动物自身也具备避开危险对象的反应。比如就算老鼠没有见过猫，也会本能地害怕猫咪的气味。

　　当然，对日常生活中的每个刺激都有反应也很浪费精力。根据生活中学习的经验，对于没有危险的刺激，猫咪会慢慢地丧失反应。猫咪会对什么程度的刺激感到不安和恐惧，受个体差异影响，同时也与遗传因素、社会化时期的经验、之后的学习和经验以及环境有很大关系。

　　猫咪如果经历了伴随疼痛的某些状况，会把这种经验在脑中和不安的情绪紧紧结合在一起。在这之后，若出现同样的情况，即使没有痛感，猫咪的不安感也会汩汩涌出，这是猫咪从经典性条件反射中（参见第198页）学会的。比如有的猫咪看到便携笼子、只是闻到宠物医院的气味就会想到以前打针的疼痛，不自觉地就会产生不安感。

　　喵星人如果感到不安，伴随自律神经系统的活动，会出现心脏"怦怦"直跳、呼吸困难、手脚发抖等反应（参见本书第8页阐述的生理学上的压力反应）。这种不安感的确是引发各种问题行为的重大原因之一。

猫咪感到不安的主要信号

瞳孔放大

流口水、舔嘴巴

鼻子呼吸时喘粗气

呕吐

心跳加速

没有食欲

颤抖

上厕所

拉肚子

主人不要错过不会讲话的猫咪发出的信号

4-2 害怕同居猫咪、人类以及特定的物体或声音

猫咪会对特定的物体或声音及某些特定的人感到害怕，或藏或躲，一般要消除引发不安的刺激，需要一点时间，之后会重新回到平时放松的状态。

但是如果猫咪没有办法逃避或隐藏，会陷入恐慌的状态，有的猫咪会展开抓挠或咬人等防御性攻击，请主人特别注意。

例如，猫咪也会表现出和人类抑郁症类似的症状，对周围的一切事物没有兴趣，漠不关心，持续一天都躲在暗处，闭门不出。

特别是很早就离开猫妈妈和兄弟姐妹、社会化时期接触刺激的机会少、没有学会对环境做出正确反应的小猫，主人要特别注意。即使长大成年，一时的心理阴影就会引发猫咪的恐慌，之后即使没有这样的刺激，也会常常对周围保持警戒，甚至战战兢兢、杯弓蛇影，陷入慢性的不安状态中。

让猫咪产生心理阴影的事情包括地震之类的自然灾害、宠物医院的治疗和住院、同居猫咪的死亡、主人长期不在、被人欺负虐待及被关在狭窄的地方等各种经历。

如果猫咪一直这样被不安折磨，就会妨碍其日常生活，甚至影响健康。如果出现了这种重度不安障碍，一定要让兽医确认宠物是否患有身体疾病。在耐心地让猫咪一点一点习惯刺激的同时，有必要配合能暂时缓解不安的药物治疗。

● **不安的对象**

比如第120页中描述的事物，会在猫咪的脑海中与厌恶感联系起来，再遇到类似的情况时便会让猫咪心怀不安。

不安行为的原因

猫咪害怕同居的其他猫，人类，特定的事物、声音及场所等，有遗传及不充分的社会化等因素的影响，大部分情况是其对不安对象不了解及厌恶等各种要素交织在一起造成的。

● **遗传**

猫咪的父母是否对人友好、是否对各种情况的警戒心很强、是否容易适应环境、每只猫天生的性格等因素，也对猫咪不安的行为有很大影响。

● **社会化程度不够**

小猫在感受性很强的社会化阶段（2~8周），如果没有很多机会接受各种各样的环境刺激，比如人类，动物，形形色色的物体、声音、气味等，很容易长成害羞胆小的猫咪，害怕各种事物，缺乏对环境的适应能力，长大以后会被听不惯的声音吓到，在不认识的东西靠近时会躲起来。

● **以前的心理创伤或讨厌的经历**

即使只遭遇过一次被刺激的可怕经历，猫咪也会对这种刺激心怀恐惧，对类似的事物心存不安。比如猫咪曾经被男生欺负，之后再看到相似的男生就会害怕。

● **压力**

压力（请参见第11页）也是让猫咪心怀不安的原因。

出乎意料的事物也会让猫咪害怕

不知道猫咪对什么怀有厌恶感

● **主人不恰当的反应**

家庭内部成员对猫咪态度的不一致和主人态度的转变会增加猫咪的不安感。如果主人安抚猫咪等于承认猫咪的不安感，反而起不到消除这种不安感的效果，更不用说对猫咪加以斥责和体罚了，这会更加剧喵星人的不安。

● **分离焦虑症**

和狗不同，猫咪自古以来都是单独行动的，没有听说过有分离焦虑症。但是最近发现，有少数的猫咪会和狗一样有分离焦虑的症状：在主人不在的时候，会一直狂叫、呕吐、破坏家中物品、在家里排泄、持续舔身体的某个部位等。

分离焦虑症常见于做过绝育或避孕手术、超过一岁达到性成熟的猫（更常见于公猫）。公猫在3~5岁时会达到高峰，母猫和年龄关系不大，11岁以上的猫咪也可能出现这些症状。其原因目前还不明确，可能跟小猫过早地离开母猫有关。另外，也有些猫对特定的主人有极强的依赖感，就算在家里，也有缠住主人不放的表现。

分离焦虑症的症状还有在家里大小便（特别是主人的床上），这虽然和性别无关，但似乎更常见的是公猫喜欢破坏物品、乱叫，母猫更倾向于持续舔身体的某个部位。

🐾 针对不安的处理方式

如果明确知道让猫咪产生不安的对象，就从不让它受到刺激开始，逐渐让它慢慢习惯，或者将其与让猫咪高兴的事情联系起来（爱抚或进食等），消除猫咪的不安。对于胆小的猫咪，要尽可能在平时给它规律健康的生活（固定的时间进食等），主人注意用平和的态度对待它，不要给猫咪增加意外的或者自己控制不了的压力。

● 主人合适的反应

即使猫咪因为害怕表现出不安，主人也绝对不要安慰或训斥它。如果安慰猫咪，就等于承认它的不安，反而会加深猫咪的焦虑感；如果训斥猫咪，会让它对主人产生不信任感。主人应尽可能地不表示关心（不要和猫咪有视线交汇、不碰猫咪、不跟它说话），面对猫咪的表现，应好像什么事也没发生一样。

● 习惯（系统脱敏法）/逆条件作用

当猫咪害怕某种刺激时，就要尽力避免再遇到该对象，在正好不产生焦虑感的距离和状态下，**一点一点耐心地让猫咪习惯**。同时，要反复把引起不安的刺激和让猫咪高兴的事情（爱抚或进食等）联系起来，把引发不安的刺激、不安的反面情感，也就是安心、快乐的兴趣作为**逆条件**（参见第129页）

例如，平时把便携笼子放入让猫咪放松的场所，这样即使去宠物医院的时候它也会不再逃避，还可以通过把猫咪喜欢吃的零食、染有猫咪气味的毛巾放进便携笼子等方式让猫咪安心。

● 害怕同居的猫咪

一起生活的猫咪关系不好，其中的一只猫恐惧另外一只，这种情况请参考第76页，应让猫咪慢慢互相习惯。

● 害怕特定的人

有的猫咪只亲近饲养它的主人，而害怕另外的某个家庭成员。遇到这种情况时，饲养的主人可以稍微疏远猫咪一点，让猫咪害怕的成员照顾它，和喵星人建立情感。首先可让该成员担任喂食猫咪的角色，最好先不要表现出关心猫咪的样子，而是静静地观察它，不要和它有视线接触，友好亲切地一边叫着猫咪的名字一边把食物放过去。

平时放到猫咪的身边让它习惯

猫咪一向通过便携笼子去宠物医院，一想到在医院打针的疼痛，就会下意识地害怕便携笼子。这种情况下，可以平时就把笼子放在屋子里，让猫咪自由出入，慢慢习惯

猫咪害怕的人可以每天选定时间，躺在放有猫咪所有必需品的房间的床上，躺着的姿势是对猫咪最不具威胁的姿势。这个时候不要表现出对猫咪的关心，可以看书、听音乐，慢慢延长待在房间里的时间。如果猫咪也表现得比较放松，该家庭成员可以用猫咪喜欢的玩具（逗猫棒等）陪它玩耍，或者给它放置零食，注意要稍微留一点距离。

这个时候，如果看到猫咪没有表现出吃惊而是在慢慢行动的话，也尽量不要直视它。顺便说一下，猫咪的眨眼（慢慢眯起眼睛）具有和人类微笑一样的效果。**如果猫咪对人眨眼，一定是它很放松。**无论如何，要以不关心的姿态耐心等待猫咪靠近。

如果因为某些事情要收养野猫的话，可以用同样的方式让不亲近人类的野猫慢慢习惯人类。

如果猫咪已经成年，且在社会化时期和人类完全没有接触，可能还被人欺负过，那要消除它对人的警戒心是非常难的。即使它可以放松地和人共处一室，但无论主人多友善，它可能也不让人摸。

面对这样的情况，也绝对不能心急，无论如何，要尊重猫咪的意愿。可以根据场合，一面保持一定距离，一面和猫咪一起生活。

❦ 让朋友成为对猫咪不感兴趣的客人

家里来客人的时候，猫咪会因为恐惧躲起来，暂时避开访客。所以，请提前拜托朋友，事先避免和猫咪有视线接触，不要有夸张过分的动作，一定不要表现出对猫咪的兴趣来。

这样的事经历过几次之后，猫咪就会明白，**原来访客也没有那么可怕**。即便猫咪在来人的时候也能放松，可以和客人待在一个房间，并且可以和客人一起玩玩具，也要以不关心、不感兴趣的态度来等待猫咪靠近。

请与猫咪的节奏相配合

主人不要勉强猫咪马上和自己处好关系，而应慢慢地等猫咪敞开心扉

不管在什么场合，即使是在猫咪放松的时候，也不要勉强摸猫，否则会让之前的努力都化为泡影。虽然这需要花点时间，但也要耐心等待，一点点缩短和猫咪的距离。

● **分离焦虑症的判断方法**

要想判断喵星人是否真的患上分离焦虑症，理想的方式是**在家里安装监控摄像**。事实上，有时候猫咪并没有不安，只是主人觉得"猫咪陷入了不安状态"。主人如果过度担心猫咪而加以安慰的话，反倒会加重猫咪的不安情绪，请一定注意。

如果猫咪只在主人不在家的时候才会持续乱叫、呕吐，或者在厕所以外的地方乱排泄，过度地舔身体，显示出极度的不安，就要教会猫咪"即使人不在家，也没有焦虑的必要"。

首先，在家中创造出让猫咪安心的场所。主人出入该房间的时候不要表现出对猫咪的关心，房门也是每次打开后就关上。请每日都这样做，即使猫咪"喵喵"地靠近，也不要表现出注意它的样子。等它稍微安静下来的时候，可以叫它的名字、抚摸它作为奖励。这绝对不是要对猫咪冷漠，而是要教会猫咪"主人不在的时候也不是什么特别的事""反正会回来的，没关系"，**目的是传递给猫咪安心感**。

其次，主人外出的时候不要刺激猫咪。不出门的时候，可以每天重复外出时表现出的举止，比如拿钥匙、穿外套、穿鞋子等。这样，即使主人做出出门的动作，猫咪也几乎不会受到刺激。适当的时候，还可以通过实际出门来练习一下。

🐾 一点点适应主人不在家

训练猫咪适应主人不在家的情况，可以先从出门5分钟左右开始，逐渐延长时间。出门30分钟前不要引起猫咪的注意，回来的时候不要夸张地问候。猫咪安静的时候，一边叫它的名字一边抚摸它，对它的表现加以肯定。

为了让猫咪能舒适安心地度过主人不在家的日子，可以在猫咪喜欢的睡觉场所放置有主人味道的东西，如主人不要的T恤或者毛巾等物品。

另外，可以使用一转动就出食物的玩具，把食物或零食藏起来，给猫咪找点"差事"做。这样，在主人不在的时候，它也能"有意义地"利用时间。猫咪单独在家的时候，如果能专心吃食物，就是"没有那么焦虑"的表现。

当然，食物的数量要从一天的总量里抽出来。对有的猫咪来说，把收音机打开至小音量或小声放音乐、开着电视等，也能缓解其不安情绪。

如果猫咪平时和主人关系密切，经常跟在主人后面亦步亦趋，那么让猫咪适应主人不在家的情况可能是比较难的。所以，即使猫咪跟在旁边，也要尽量无视，如果它能安静下来，就以抚摸它作为奖励。

● 改善环境

要给猫咪创造舒适的生活环境（参见第6章）。特别是对胆小认生的猫咪来说，应把给猫咪创造安心的环境作为重中之重。建议留出充足的空间，可以利用纵向空间给猫咪打造安心躲藏的场所，比如，移开书架中的书籍，在椅子上放一块布遮住，放一个瓦楞纸板箱等。可以发散思维，为猫咪打造隐蔽的私人空间。

不要让喵星人闲得发慌

厨房用纸的芯儿是中空的，可以变废为宝，把猫咪的食物放在里面，成为猫咪主动探索食物的玩具。另外，还可以准备一个猫咪玩具，这样，即使主人不在，猫咪也有"差事"可做，身心都能得到满足

● 和猫咪玩耍

创造和猫咪互动玩耍、互动喂食的时间（参见第6章），能让猫咪发散精力，也能缓解压力。特别是对十分依赖主人的猫咪而言，模仿捕捉猎物的游戏，可以使其产生捕获猎物的满足感，也能让其建立自信。这也是锻炼猫咪独立性的机会。

● 使用费利威（Feliway）

费利威是人工合成的外激素，能在空气中释放安抚猫咪的天然信息。猫咪脸颊也会分泌天然外激素（F3成分）（请参见第6章）。

● 药物疗法

如果猫咪有重度焦虑症，可以使用调节脑内神经传达物质，如血清素（5-羟色胺）、多巴胺、γ-氨基丁酸（GABA）等。在严格控制用量的前提下给猫咪喂药，可以缓解其焦虑感，减轻猫咪的不安感，让它放松，充分发挥其本来的学习能力。如果能根据症状辅助使用药物，也有效果。

逆条件作用是什么？

铃声　　　　　　　　　好可怕！

美味的食物　　　＋　　　铃声　　　　　好吃！！开心！

- 重复数次。
- 新的刺激代替令猫咪害怕的刺激，是很有趣的。

音铃声

可怕！
↓
开心！

比如，猫咪害怕某种声音，把这种声音和新的、猫咪喜欢的刺激联系起来，猫咪的反应（心情）也会发生改变。重复几次之后，猫咪就算听到了这种可怕的声音也不会再感到恐惧。具体请参考第198页

猫咪极端讨厌主人外出

😺 问题

> 姓名：马内
>
> 性别：女
>
> 年龄：1岁（估计）

马内从前是一只野猫，它大概6个月大的时候，我开始养它，是完全室内饲养。它特别喜欢亲近人，现在已经1岁了，对声音有非常敏感的反应。它的睡眠也很浅，平时，我上厕所的时候它也在后面跟着，挺胆小的。

如果周围没有人，它就会非常害怕。我准备出门的时候，它巴不得紧紧抱住我不让我离开，我外出期间它似乎一直在叫。我虽然在家办公，但是每天也会出去几小时，留它自己在家是一件令人头疼的事情。

我在家的时候，跟它玩耍的时间很多，留它一个在家时就会感觉它很可怜。马内是有分离焦虑症吗？

😺 诊断

马内是有初期的"分离焦虑症"，对主人的依赖性很强。刚生下来的小猫一般要受到各种环境的影响，社会化时期是小猫很容易适应环境的"柔软时期"（出生2～8周）。这个时期，小猫会灵活运用5种感官吸收环境中的刺激，和形形色色的人与动物接触，学会适应环境。

在社会化时期，马内究竟经历了什么，我们并不知道，可能是因为它跟猫妈妈一起生活的时间很短，也可能是因为它被人遗弃而留下了心理阴影（精神创伤），使得它害怕再次被人类抛弃，因此，主人要外出的时候它才特别焦虑吧。研究结果表明，分离焦虑常见于被饲养在只有一口人的家中，而且常见于只饲养一只母猫的家庭。

当然，只从这些症状很难明确判断马内是否患有分离焦虑症。但是，从平常马内对主人的强烈依赖情况来看，它是有患分离焦虑症的可能的。在其他的症状（在家中大小便或舔身体）没有出现之前，应该及早采取对策。

对策

首先，主人应对马内的依赖心理"狠下心来"，当马内黏着主人不放的时候，要无视它，当它安静下来的时候，要好好奖励它。这并不是说不再疼爱它了，在它安静的时候，主人可以跟它说话、抚摸它，以及陪它玩耍。

其次，要让马内明白主人出去后一定还会回来的。在家里时，不要表现出对马内的特别注意，开门、关门的时候不要说话。为了让马内独自在家的时候也能安心，可以从短时间开始练习。出门前30分钟就不要引起它的注意，回家的时候，即使马内做出黏着不放的姿态，反应也不要过于夸张。等马内安静下来的时候，可以一边叫着它的名字一边抚摸它。

再次，让马内舒适地度过独自在家的时间也非常重要。可以提前准备马内的睡床，放好一只猫也能玩耍的玩具和可以出来食物的玩具；打开收音机和电视也能缓解猫咪不安的情绪。

最后，还需要主动和马内玩耍。可以用逗猫棒和它一起玩，也可

猫咪也有患分离焦虑症的可能

也有一离开主人就极度不安的猫咪

让猫咪习惯主人不在的时候

如果猫咪跟着主人进所有房间，要默默地开门、关门，不要做夸张的动作。
如果猫咪安静下来，抚摸它作为奖励。猫咪要学会"主人不在也安心"

以和它一起玩捕获猎物的游戏等，这些游戏既能使它获得满足感，也能满足它的好奇心，使其逐渐建立独立意识。可以早晚玩两次，每次最少15分钟。它生活的环境也需要改善，可以增加其休息、磨爪、躲避的场所，给猫咪创造一个稍微高一点的地方，使其从窗户能远望到外面。

● 如果得不到改善，可以考虑饲养两只猫咪

如果症状得不到改善，可以根据猫咪的年龄，考虑再养一只合适的猫。当然，如果决定养两只猫咪，需要为它们做绝育或避孕手术，并且要慎之又慎，要花时间让两只猫慢慢互相习惯。

第5章

解决其他问题行为

5-1 "喵喵"地央求

　　猫咪"喵喵"地冲着人叫是央求人满足它某种诉求的一种交流手段。主人要耐心聆听猫咪的要求，但也存在因为喵星人叫得太过频繁而让主人头痛的情况。

　　比如，早上喵星人饥肠辘辘，"喵喵"地叫醒了主人。因为是第一次，主人虽有点意外，也会慌忙起来，给猫咪喂食，然后再次钻进被窝，继续睡一会儿。但是猫咪可是聪明的动物，第二天、第三天……以后的每一天早上，它都可能以同样的方式唤醒主人……这是猫咪对主人**"央求的叫声"**。主人回应了喵星人的要求，猫咪便学到了，只要"喵喵一叫，主人就给我食物"。当然猫咪并不是单纯索要食物，它也同时学会了"引起主人关心的手段"。

　　如果饭桌上有鱼，猫咪趁机上桌，哪怕只是吃到一点"残羹剩鱼"，关键是吃到了。这样，下次主人吃饭的时候，猫便会一步步靠近。

　　上述的这些行为都是猫咪从主人对它的央求做出的反应中学到的。当然，如果主人自身不觉得这些是令人困扰的行为，倒也没有问题。如果感觉到"真是烦人啊"，不想再出现这样的事情，就要改变对猫咪的回应，但不能斥责猫咪。

　　另外，如果猫咪过度地叫，特别是对于没有做过绝育或避孕手术的猫，其可能是受到性激素的影响，或者有伤痛、伴随疼痛的病症，又或者是出现了听觉障碍等问题。

　　高龄猫咪（11岁以上）在半夜发出没有意义的叫声，可能是因为伴随老龄化出现了"认知机能障碍"的症状。这种叫是昼夜周期失调、没有意义且持续不断的，和"喵喵"的声音相比，它更近似于喊。而且，猫咪会同时出现不再学习新东西、忘记已经吃过饭、死乞白赖地再让主人喂食等行为。

猫咪的11岁相当于人类的60岁，14岁相当于人类的70岁，16岁相当于人类的80岁，猫咪超过20岁就接近人类的期颐之年了。报告显示，11～14岁的猫咪中有三成、超过15岁的猫咪中有五成以上都有伴随高龄而出现的问题行为。

应对方法

首先要判断猫咪是否真的有事央求，如果是主人不想让猫咪再出现的行为，比如偷吃人吃的东西、早上用叫声吵醒主人等，就要彻底无视。如果无法无视的话，就通过抚摸猫咪、陪它玩耍等其他方式满足猫咪的诉求。

• 无视

如果想让猫咪停止"央求的叫喊"，那就要在猫咪因为诉求而不停地叫的时候坚决不回应它，彻底地无视它，不看、不安慰，也不跟它讲话。最坏的情况就是，主人无视了一段时间，但迫于猫咪叫声带来的心烦，又满足了它的诉求。这样，猫咪就会学到"只要不放弃一直叫，就能心想事成"，那么下次它会更加纠缠不休。

还有很重要的一点是，所有家庭成员对猫咪的态度要一致。不论是谁，"好可怜啊，就一次可以吗"的态度是不允许的。如果三次中有一次或五次中有一次，不规则地对猫咪的央求做出回应，它的期待度会进一步提高的。这样的话，要解决猫咪的问题行为就会难上加难。主人在"啊，没办法放弃吧"和"在猫咪放弃之前对它的要求坚决拒

反复无常是不行的

主人开心地给猫咪喂食……

主人变来变去的态度让猫咪摸不着头脑，混乱不已

耐心坚持到猫咪放弃

主人在吃饭

猫咪上桌子，"喵喵"地催促

成功　主人给了一口（对猫咪来说有成果）

失败　主人断然拒绝（没有成果）

下次会再来催促

放弃，不来催促

对猫咪有诉求的叫声断然拒绝

绝"这两种态度中犹豫不决时，如果训斥猫咪说"今天可以，但是周日不行"，猫咪会非常不理解，徒增困惑。

在猫咪半夜和清晨一直"喵喵"地叫，吵得人心烦的情况下，主人也要做到"即使叫，也不回应"，要在猫咪领悟主人意思之前，对它的叫声不做任何反应。如果做不到，可以尝试用带耳塞睡觉等方式加以解决。

● 改善环境以及同猫咪玩耍

请参考第6章，努力为猫咪创造舒适的生活环境。积极创造陪猫咪互动玩耍、喂食的时间，让猫咪身心得到满足。在猫咪安静的时候也可以静静地一边抚摸它，一边叫它的名字。不要忘记跟猫咪亲密接触。

● 对待高龄猫咪的正确方式

对待高龄猫咪（11岁以上），要让它过上规则的生活（进食、游戏的时间等），给老年喵星人创造舒适安心的生活环境。增加厕所数量，进食和如厕的场所要适合老年猫咪，高低平面的差异要尽可能小，方便猫咪上下和进出。老年猫对冷热的温差也越来越不适应，要注意进行温度调节，给猫咪安静舒适的休息场所，特别是要注意酷暑和严冬时的室内温度。

另外，根据猫咪的健康状况，要给猫咪适当的身心刺激，比如叫它的名字、抚摸它、给它玩喜欢的玩具等。

高龄猫咪会逐渐出现认知机能障碍的症状，比如夜里会持续发出毫无意义的叫声，叫声的频度和长度不会因为主人的反应有所改变，这个叫声和央求的叫声是不同的。要尽量温柔地对待它，让它安心。

此外，可以将猫咪每日的进食分为多次，食物也要结合猫咪的喜好来准备，慢慢换成老年猫吃的猫粮。可以把食物和水放到台子上，让猫咪不用低头也可以轻松进食、进水。要根据猫咪的情况，咨询熟悉的兽医，同时给猫咪补充参与脑细胞形成和发育、维持神经细胞正常生理活动的含有二十二碳六烯酸（DHA）和二十碳五烯酸（EPA）的保健食品。在网上输入"DHA"或"EPA"等关键词，能出来很多结果，查找一下购买即可。最重要的是，要把老年猫咪看成家中的一员，用宽容和爱温柔地对待它。

和人一样，猫咪也会患认知机能障碍

认知机能障碍的征兆：

● 睡眠周期变更（昼夜周期失调，半夜毫无目的地持续叫）
● 在厕所以外的地方乱排泄
● 方向感变差（在同一场所没有目的地转来转去）
● 忘东西（突然不明白以前一直理解的信号）
● 改变对主人的态度（性情变得不稳定）
● 被不安感笼罩

老年猫在夜里"喵喵"叫可能是患有认知机能障碍的症状

事例 清晨一定要进卧室叫我起床

问题

> **姓名：哈娜**
>
> **性别：女**
>
> **年龄：4岁，已完成避孕**

我家养了两只猫（都是4岁，一只公，一只母，已经做过绝育／避孕手术），两只猫的关系也挺好的。其中的母猫哈娜有一天在凌晨4点的时候开始"刺啦刺啦"地抓卧室门，并且"喵喵"地叫我起床。由于真的太吵了，我以为它很饿，所以就起来给它喂食。从这之后，它便习以为常，每天早上都要把我叫醒。

即使哈娜看起来不饿，夜里我也会给它食物，但是它还是这样，完全没有停下来的意思。即使还有食物，它也会来叫醒我，所以，它这样做可能不是因为饿吧。我只有先起来一次，然后才能安心地继续回床上睡。我不想让它进卧室，有什么好的解决方案能让它不再过来叫我起床吗？

诊断

哈娜的行为是要引起主人关心。它自己的行为得到满足之后，便会不断重复这样的行为。哈娜学会了早上一叫，主人就会醒，它就可以进卧室了。

😺 对策

如果想让猫咪停止这种吸引主人关心的行为，只能坚决无视它。哈娜"刺啦刺啦"抓门也好，"喵喵"叫也好，都要忍耐，坚决不要开门。

和猫咪比耐力，坚持不开门的话，哈娜会明白卧室是它不能进入的区域，过一段时间就会放弃。如果抓门的声音很吵，主人可以暂时贴上让猫咪比较难以下爪的材料（塑料罩等）；如果猫咪的叫声让主人心烦的话，也可以用戴耳塞的方式来解决。

比耐心是需要毅力的，哈娜慢慢会顺应人的生活模式。早上起来之后，可以叫"哈娜"的名字，声音要温柔。

改善环境也非常重要。当诉求得不到满足的时候，不要让猫咪有压力，可利用纵向位置，给它充足的活动空间，为哈娜创造能安心放松的休息场所，努力让猫咪的生活更加丰富多彩。

当然也不要忘记陪猫咪玩耍。

让哈娜身心得到满足，一天（早上和睡觉前）至少抽15分钟陪哈娜积极、充分地游戏，同时，亲密的身体爱抚也不能少。

要忍住想让猫咪进来的冲动

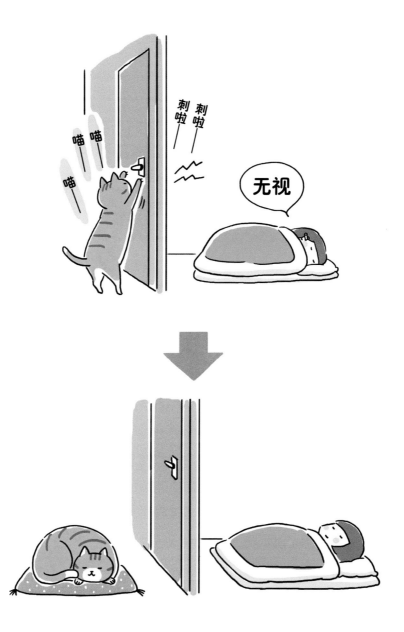

猫咪抓家具的时候，主人如果嫌烦让它进来，猫咪之后便会不断重复这种行为。
所以即使很吵，也要忍耐。猫咪如果知道"即使抓门也没用"，就会老实了

145

5-2 "刺啦刺啦"地抓家具

猫咪的"磨爪"有各种意义。

第一，猫咪在午睡之后，经常会伸一个大懒腰，然后在某处"刺啦刺啦"地磨几下爪。它要在休息之后，放松一下全身肌肉，"啊，开始吧！"借此再次让全身进入活动的状态。

第二，"护理指甲"。猫咪的爪子有很多层，最外侧的死皮剥落之后，内部新的爪子会长出。我们经常可以看到猫咪用牙齿使劲咬爪子，护理指甲的姿态。

第三，也是最重要的功能，是第2章讲过的"标记"。猫咪四肢内侧的汗腺会分泌特有的生物化学物质，它通过磨爪把自己的气味带到各个场所。

猫咪通过"磨爪标记"留下自己的气味，当气味变淡的时候，猫咪会在同一场所通过反复磨爪来标记自己的领地。特别是很有自信的猫咪，会故意让其他猫咪或主人看到自己磨爪标记的姿态，有在显眼的地方标记的倾向。猫咪不只通过嗅觉判别磨爪标记遗留的痕迹，也通过视觉（磨爪的印痕）甚至听觉（"刺啦刺啦"的声音）。

和其他猫咪打架输了之后，为了挽回自尊心，我们也经常能看到猫咪积极磨爪标记的姿态。这种情况下的磨爪行为有缓解紧张和压力的作用。

❤ 处理方法

猫咪在家具或墙上磨爪，这无疑是让主人十分头疼的问题行为。

猫咪磨爪的理由

●起来之后伸个懒腰以备进入活动状态
●保养爪子
●磨爪标记（留下气味）
●消除压力
　所到之处会成为磨爪的场所

但是磨爪是猫咪自己对身体进行调节保养的基本行为，为了满足这项行为需求，请务必给猫咪创造磨爪的场所。

● 不要训斥

磨爪是猫咪的基本行为，为此训斥猫咪是不合情理的。如果训斥它的话，猫咪下次会在主人不在的地方磨爪；看到主人会因此飞奔过来制止它，有些猫咪会学到用这种行为吸引主人的注意力，之后可能会以玩耍的心态反复出现磨爪行为。

● 磨爪地点（墙壁或家具等）的处理

对于不想让猫咪磨爪的场所，要彻底消除其气味，擦拭干净。接下来可以在该处罩上塑料外罩或贴上双面胶，让猫咪无从下爪，用物理的方式想办法阻止猫咪在此处磨爪。只是禁止不是解决之道，一定要在附近为猫咪创造可以磨爪的地方。

● 准备磨爪场所

顺应猫咪的喜好，磨爪场所的垂直高度或水平长度以猫咪在完全放开伸懒腰的姿态下也能磨爪的高度为宜。然后，将磨爪器稳稳地固定起来，不要让其晃动。可以在猫咪睡觉地点的附近固定一个磨爪器，让它一起来就能"刺啦刺啦"地磨爪；另外，还要在猫咪磨爪场所的附近多放置几个。

如果这些地点对主人来说都不太方便的话，可以等猫咪习惯磨爪地之后再一点一点地挪换地方。

如果猫咪对准备的磨爪地不屑一顾，没有使用的意思，可以拖着猫的手，轻柔地反复刺抓，或者在该地用玩具吸引它的注意力。如果磨爪地染上猫咪的气味，它在该地磨爪的可能性也会提高。

让猫咪爱上磨爪场所的招数

将磨爪的场所设置到猫咪睡觉地点的附近以及平时喜欢磨爪的地方。如果猫咪没有开始用的意思，可以轻柔地抓起它的前脚"刺啦刺啦"地磨，或者使用玩具吸引它的注意力。磨爪的材料可以尝试木头、瓦楞纸板、麻布带子、绒毯等

　　在宠物商店里可以买到各种各样的磨爪器以及带磨爪器的猫咪爬架，主人也可以自己制作，用树干、瓦楞纸板、麻布条、不要的绒毯等贴在墙上作为猫咪的磨爪器。不同的猫咪有不同的喜好，可以尝试各种材料，找出猫咪最喜欢的一款。另外，磨爪器也是消耗物品，在猫咪将其撕得稀烂之前要替换新的。

● 如何处理指甲

从猫咪小时候开始就定期用指甲刀为它剪指甲，加上它又习惯在磨爪地点磨爪，这样能把它在其他地方磨爪的可能性降到最低。但是，如果等猫咪成年之后才开始剪指甲，它有时候会表现出厌恶，并出现抵抗的情况。面对这种情况时要耐心，想办法慢慢让猫咪适应。

最初的几天，可以只让喵星人看看指甲刀，并给它吃点小零食。绝对不能让猫咪把指甲刀和讨厌的东西联系起来。等到猫咪习惯指甲刀的存在之后，可以在猫面前将其打开、合上，只是这样摆弄摆弄。

等到猫咪习惯指甲刀的"动作"之后，可以伺机在猫咪放松的时候，试着剪掉一个指甲。然后每天以只剪掉一个的速度让猫咪适应。一定要慎重，注意不要一次剪掉太多，主人也可以在这个过程中慢慢掌握窍门。

市面上有出售套在指甲上如同笔帽状的"假指甲"。其效果虽然毁誉参半，但是有各种颜色和大小可供选择，戴上后可以用4~6周。但如果猫咪不配合的话，要戴上"假指甲"可能挺困难的。

另外，还有猫咪去爪手术，即把韧带割断，有时为了把爪子和第一关节的骨头直接连上，要切断包含韧带在内的第一关节的指头。不管是哪一种，对猫咪来说都是十分残酷的手术，这在很多国家（特别是欧洲）都是禁止的。

● 改善环境、增加和猫咪的玩耍时间

在饲养多只猫咪的时候，请给每只猫都创造磨爪和安心休息的场所。请参考第6章，为猫咪打造舒适的生活环境。积极与猫咪互动玩耍，也有助于消除喵星人的压力。

● 费利威的使用

费利威是人工合成的外激素，可以在空气中释放安抚猫咪的天然信息。猫咪脸颊也会分泌天然外激素（F3成分），可以有效缓解包含磨爪在内的标记行为（请参见第6章）。

剪指甲或使用假指甲也是有效果的

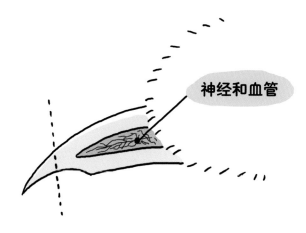

剪指甲的时候不要伤及爪子上的神经和血管，请剪到虚线的位置

猫咪的假指甲。能让猫咪不讨厌并将其戴上是非常幸运的

事例 胡作非为，到处乱抓怎么办

🐾 问题

> 姓名：托比
>
> 性别：男
>
> 年龄：1岁，已完成绝育

托比是我受人之托饲养的，一开始的时候还好，之后它就开始抓墙壁、家具、沙发等，不管什么都乱抓。它很亲近我，如果我看到它在抓东西，就会说："不行！"让它停下来。但是我不可能天天盯着它，真是挺困扰的。我买过磨爪器，但是托比几乎不用。我该怎么办才好呢？

🐾 诊断

磨爪行为也有留下气味的标记作用，是猫咪的基本行为之一，应采取一定的措施满足猫咪的磨爪行为。

🐾 对策

首先，把不想让猫咪磨爪的家具移动到猫进不去的房间里，在这个地方放置瓦楞纸板，用物理方式让托比没有办法磨爪。贴上塑料罩子或双面胶，让托比丧失在该地磨爪的兴趣。

接下来，给托比准备磨爪的场所。把新的磨爪器稳稳固定在目前托比喜欢磨爪的地方的附近，高度以猫咪在完全放开伸懒腰的姿态下也能磨爪为宜。如果看托比没有用的意思，或者还是在不能磨爪的地方磨爪，可以抓住它的前爪，温柔地在磨爪器上划拉几下，或者用逗猫棒吸引它的注意。

还可以利用带磨爪功能的猫咪爬架、树干、瓦楞纸板、麻布条、不要的地毯等，结合托比的喜好，给它创造合适的磨爪场所。

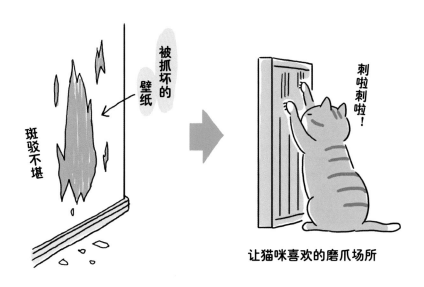

准备让猫咪喜欢的磨爪场所

被抓坏的
壁纸

斑驳不堪

刺啦刺啦！

让猫咪喜欢的磨爪场所

如果猫咪不用主人准备的磨爪器，可以拿起它的前爪，在上面反复划拉几次，或者让猫咪在这个地方玩耍。可以多尝试几种材料，找到猫咪最喜欢的

5-3 过度理毛（常同行为）

常同行为是自身解决某种不满、压力状态或心中矛盾的行为。

猫咪在进食之后放松的时候，会舔舐前爪洗脸、整理自己身上的毛；和其他猫打架后或者做什么失败之后，也会以理毛的方式让心态平静下来。

和人类一样，猫咪也有讲卫生和不讲卫生的，不能一概而论。一般来说，如果猫咪一天有10个小时醒着，会用1～3小时的时间来理毛。

理毛有保持皮肤清洁的功效。猫咪用自己粗糙的舌头把毛梳理干净，把旧的毛去除，清理皮肤中的污垢和多余的皮脂，能消除寄生虫，预防疾病感染。舔毛的作用还不仅如此，夏天的时候，猫咪的唾液蒸发会有降低体温的效果，相反，在冬天时有保温等调节体温的功能。另外，舔毛还有平复心情、保持镇静的效果。

🐾 首先确认舔舐的地方

猫咪如果皮肤发痒或者有什么不适（疼痛），肯定会舔舐皮肤。猫咪若长时间舔舐同一处，请先确认该部位是否有异常。如果触摸该处时，猫咪表现出厌烦，很可能是因疼痛所致。过度理毛引起的脱毛会引起过敏性皮炎、滋生寄生虫和真菌等，造成各种身体疾病，请务必带猫咪到兽医处检查一下。

如果没有皮肤病等身体疾病，或者皮肤疾病已经完全治愈，猫咪还是没有理由地继续舔舐，像是要取出什么东西似的，执著地舔毛直到患皮肤炎症，那么这种情况就可能是心因性的理毛。

这个，是常同行为吗？

秃了 秃了

不继续舔 就活不下去！

首先让兽医看看猫咪是否患有身体疾病。如果没有，就要考虑一下针对心因性理毛需要采取的对策

出现这种情况可能是因为猫咪有无聊沉默、欲求不满或某种精神压力，特别是在关系特别好的猫咪去世、家族成员构成出现变化等时候。脱毛症常见于腹部和后脚的内侧，也可能是因为猫咪患有知觉过敏症，如果恶化，可能会发展为常同行为。

面对上述情况，首先要去看宠物医生，判断猫咪是否有皮肤疾病（过敏、寄生虫、病菌等）或者其他身体疾病（内分泌系统疾病或者伴随疼痛的疾病）。

🐾 心因性过度理毛的原因

❶ 遗传因素。

常见于暹罗猫、缅甸猫、喜马拉雅猫和阿比西尼亚猫。

❷ 环境因素。

无聊、欲求不满等压力容易诱发过度理毛。

常同行为也被称作强迫性行为，是指没有明确目的的重复性行为。

其典型的例子是在动物园中生活的动物，经常没有意义地在笼子里走来走去。

由于在自然界生活的动物不会产生这种行为，我们推断其主要原因是"不被满足的环境因素"。这种行为相当于人类的强迫神经症，比如不管重复一个行为（洗手等）多少遍都不够。

猫咪过度理毛、滴溜溜地转、追着自己的尾巴跑、没有意义地反复嚎叫、吮吸毛巾等行为会对其日常生活产生严重影响。如果恶化，有发展成常同行为的可能。特别是过度理毛，如果严重的话会引发皮肤炎，也可能发展为自伤行为，一定要及早处理。

虽说如此，并非所有的理毛过度都是常同行为。我们可以通过持续的时间和强度、若有外部刺激是否会停止、睡眠周期的变化、是否妨碍日常生活等判断该行为是否是常同行为。

🐾 要治疗常同行为很难

常同行为是反复出现的行为，会从脑内分泌被称作脑内麻药的β-内啡肽。β-内啡肽是能产生快感并有镇痛作用的一种神经肽，能调节出"感觉真好"的状态。一个行为如果成为习惯，再戒掉就很难了。

另外，β-内啡肽的分泌会打破脑内神经传达物质多巴胺和血清素的平衡。这样长期持续下去，会影响脑内神经传达物质的受容体，神经传达物质会无法发挥出色的调节功能。

对压力无法适应是常同行为产生的一个重要原因。适应力的强弱与遗传因素、社会化时期的经验、健康状态和环境因素紧密相关。特别是如果猫咪小时候比较孤立，在没有刺激的环境下生长的话，其适应力会下降。

😺 应对方法

　　首先让兽医从皮肤疾病开始，检查猫咪是否患有身体疾病，排除是否有身体疾病是非常重要的。如果是心因性的过度理毛，就要努力减轻猫咪的压力并改善环境。

常同行为发生的组成结构

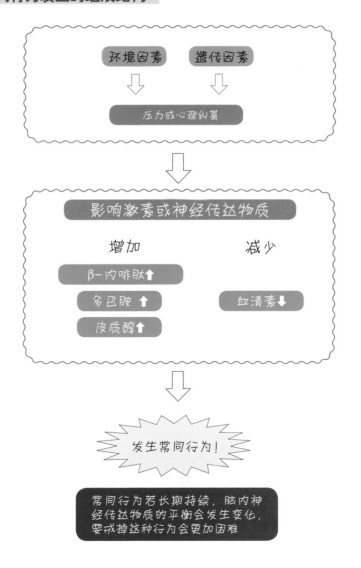

环境因素　　遗传因素

压力或心理纠葛

影响激素或神经传达物质

增加　　　　　　　　减少

β-内啡肽↑

多巴胺↑　　　　　　血清素↓

皮质醇↑

发生常同行为！

常同行为若长期持续，脑内神经传达物质的平衡会发生变化，要戒掉这种行为会更加困难

● 检查并治疗引发常同行为的身体疾患

如果要治疗心因性的过度理毛，务必要一一排除伴随各种皮肤瘙痒的皮肤疾病，如食物过敏、特应性皮炎、有跳蚤之类的外部寄生虫等。这些都需要在兽医处进行检查，想要搞清过度理毛的原因，检查是必不可少的。

特别是如果猫咪外出，会大大增加其患跳蚤过敏或感染病症的可能性。室内饲养的猫咪也有对房间喷雾用的香薰剂或新的洗洁剂过敏的。

如果猫咪没有舔舐，但还是脱毛，这种情况应该先考虑其是否患有内分泌病症、激素障碍、胰脏肿瘤等身体疾病，有必要让宠物医生检查一下。

● 鉴别压力形成的原因并消除

若没有发现明显的身体疾病，就要考虑是否有大环境的变化、家族构成的变化、和同居猫咪的关系紧张、压力等因素。

这时，可以简单记录猫咪理毛的次数和时间、当天发生的事情（是否有访客、是否和一起生活的猫咪打架）、是谁在家的时候发生的等情况。也不排除有时候猫咪的这种行为是为了吸引主人的注意。

判断对猫咪造成压力的因素并且将其排除是解决问题的关键。

● 根据场合使用伊丽莎白圈

面对心因性过度理毛，使用伊丽莎白圈能阻止猫咪想舔舐的行为，但是不能从根本上解决问题。对于并发皮肤炎（二次细菌感染）的情况，为防止猫咪舔舐，可以在一定时间使用伊丽莎白圈，比如主人看不到的时间等。

　　猫咪也可能会害怕这个东西，使它的压力进一步积攒，并产生相反的效果，这也是要特别注意的。

　　选择是否为猫咪戴伊丽莎白圈时，要分清猫咪是真的因舔舐而掉毛还是有脱毛症，有些猫咪只是在主人看不到的时候才执著地舔毛。

● 改善环境

　　参考第6章，满足猫咪需求，为其创造干净的生活环境。充分利用纵向空间，给猫咪提供运动并能安下心来的场所，努力打造能提起猫咪兴趣的多彩的生活环境。不要给猫咪带来不安全感，要规律地安排进食、嬉戏等时间，给猫咪张弛有度的生活。

一时让猫咪放弃是有效的

根据场合使用伊丽莎白圈

● **和猫咪玩**

请参考第6章，和猫咪互动玩耍，创造积极互动的喂食时间，让猫咪发散精力、缓解压力。如果猫咪准备舔舐身体，可以扔乒乓球或纸团分散其注意力，或者让猫咪玩10分钟它最爱的玩具。

● **使用费利威**

这个时候也可以使用费利威，猫咪脸颊也会分泌天然外激素，缓解猫咪的不安和压力（参考第6章）。

● **药物疗法**

对轻度的心因性过度理毛，用药提高脑内神经传达物质血清素浓度的治疗基本没有效果。即使诊断猫咪为心因性过度理毛，事实上，这种行为也经常与某种皮肤疾病或身体疾病有关，完全诊断清楚是很难的。

但是面对重度的心因性过度理毛，用药提高脑内神经传达物质血清素浓度，有调节情绪、安定的效果，结合其他措施可起到辅助使用（参见第6章）。

常同行为的程度标准和应对方法

轻度

- 反复出现的时间较短，也有不发生的日子
- 自己停下来或者受到刺激时（拍手等）停下来
- 身体没有损伤
- 没有妨碍日常生活（睡眠时间稍有减少）
- 和主人的接触及游戏时间稍有减少

重度

- 反复出现的时间较长，频繁（每天）发生
- 受到刺激之后（拍手等）也不停止
- 有身体上的损伤（皮肤炎等）
- 妨碍日常生活（昼夜的周期发狂、食欲下降等）
- 丧失和主人接触、游戏的兴趣

处理方法

- 检查并治疗身体的疾病
- 判断压力原因并消除
- 改善环境
- 规律生活
- 和猫咪互动玩耍
- 根据情况采用药物疗法

事例 舔舐身体的一部分直到毛都舔秃了

🐾 问题

> 姓名：三毛
>
> 性别：女
>
> 年龄：3岁，已完成避孕

　　我是在三毛4个月大的时候开始饲养它的。它与人为亲，很可爱。大约从1个月前开始，它只要有时间就开始舔毛，特别是肚子和脚内侧，这两个地方的毛都被舔掉了，已经秃了。

　　实际上，我是在3个月前搬到现在住的地方的。在之前住的家里，三毛可以自由地跑到外面，但是新家附近有太多车频繁通过，很危险，所以现在完全是在室内饲养。我在家的时候，它可以去阳台……三毛是因为出不去了，欲求得不到满足才出现上述情况的吗？

🐾 诊断

　　这种情况明显是猫咪过度理毛，但是因为没有发现过敏或皮肤疾病等问题，所以推测这是心理原因导致的过度理毛脱毛症。对猫咪来说，搬家以及搬家之后完全的室内饲养使其生活环境发生了极大的改变，所以它有些不知所措。由于不能出去，猫咪过着没有刺激的无聊生活，三毛有想要出去的欲求，但是没法得到满足，这种内心的郁闷可能是它过度理毛的原因。

🐾 对策

正因为不能到外面去，所以有必要增加室内的刺激。一定要和猫咪互动玩耍，给猫咪创造积极的进食时间，让它充分发散精力，消除压力。

特别要跟猫咪玩能满足它捕猎需求的游戏，一天数次（一次至少15分钟）。看到三毛舔身体的时候，可以通过扔乒乓球等转移它的注意力，或者让猫咪玩10分钟它最喜欢的玩具。

也可以采取响片训练，给予三毛更多的精神刺激，让它的精力得到充分的发泄。当然，主人也要增加和三毛的身体接触。

同时，也要改善环境，让三毛逐渐适应只在室内的生活。充分利用纵向空间，给它创造运动场所、安心躲藏的地点以及磨爪的场所。因为猫咪非常喜欢看外面的世界，所以要创造一个地方，让它能从窗户眺望到外面。

在阳台罩上防止跌落的网，再准备好高高的猫咪爬架，让猫咪既能眺望到外面的风吹草动，又能感知气味和声音，它应该会喜欢这个地方。

5-4 进食的问题行为 （舔食羊毛以及异食癖）

猫咪舔食毛巾之类的纺织品被称作"舔食羊毛"行为；吃无法消化的异物（毛巾、纺织品、乙烯树脂、橡皮制品、塑料、观赏植物以及厕所的砂子）被称作"异食癖"。

"舔食羊毛"是小猫吮吸母猫乳头的动作，特别常见于2～8个月的小猫。小猫较早离开母亲，没有充分得到过母爱是其中一个较大的原因。

羊毛包含油分（羊毛脂），让人想到母亲的气味和感觉。有"舔食羊毛"行为的猫咪可能是由于得到的爱不够多，所以借用主人来弥补，常常亦步亦趋地跟在主人身后，非常依赖人。

异食癖是受某种无法消化的东西的气息或味道的吸引（羊毛中包含的羊脂或塑料中包含的油分），作为营养不足（包含寄生虫等）、贫血症、纤维不足的弥补。然而，异食癖真正的原因现在还不清楚。无论哪种行为，在暹罗猫和缅甸猫这样东洋系的猫咪身上更为常见，可见，这跟遗传也有很大关系。

这些行为好多是因为压力和无聊的环境没有办法满足猫咪所致，如果升级的话，很可能发展成前面已经说过的常同行为或强迫症。如果重复多次后，猫咪得到了满足，再想戒掉这种行为就很难了，一定要在初期采取对策。

🐾 处理方法

很多人认为与吃异物这样的异食癖相比，舔食纤维织物的情况对

吞咽、危险的舔食羊毛和异食癖

哧溜 哧溜

舔食羊毛是吮吸纤维等物

哧溜 哧溜

异食癖是吃不能吃的东西

- 原因
- 羊毛舔食
——早期（出生6周以前）和母亲分开，得到的爱不够

- 羊毛舔食、异食癖
——营养不足（空腹感与营养元素得不到满足）
——遗传因素（暹罗猫与缅甸猫）
——环境因素（沉闷、压力、欲求不满）
——常同行为

猫咪没有那么危险，可以放任不管。但是要注意，一定不要让猫咪误食咽下。根据吞咽异物的材质和形状，猫咪出现肠闭塞的情况也是有的，特别是咽下长毛之类的异物时，肠闭塞会发展成肠坏死，严重的还可能危及猫咪的生命。如果吞咽下去了，可以想办法让其吐出或排泄出来。有些观赏植物对猫咪来说也是有毒的。猫咪坚决不能吃的东西，首先要放在它够不到的地方。

● 主人重新审视态度

主人如果训斥猫咪，它会在主人看不到的地方进行上述行为。因此，当发现猫咪有异食癖时，与其训斥它，不如及时进行防治。平时应多和猫咪进行身体接触，多抚摸猫。

● 改善进食状况

可以把食物换成筋道的东西以及富含食物纤维的食物（为了对付肠胃中积攒的毛状物固化之后变成的球状东西），有时，准备些猫草就能解决问题。猫咪喜欢禾本科的草，吃草不仅能补充食物纤维和维生素，还能刺激猫咪的胃部，促进其吐出毛团。实际上，关于猫咪喜欢吃草的真正原因，目前还没有科学的解释。就像人类嚼口香糖一样，猫咪偶尔嚼草也能让它的心情更好。

猫咪在自然界本来就是单独狩猎的"独行侠"，食物（猎物）一天会分为10～20次吃，所以要增加给予猫咪食物的次数，要在给它喂食物的方法上动脑子。当然，每日给猫咪食物的总量是不用增加的。如果主人不在家，请参考第6章，试一试猫咪的互动进食。

● 改善环境

不要给猫咪可乘之机，不能吃的东西一定要放在猫咪够不到的地方。如果猫咪有吞食羊毛的倾向，可以在羊毛上喷上猫咪讨厌的香水。请参考第6章，消除猫咪的压力，努力为其打造舒适的生活环境。

● 和猫咪嬉戏

如果猫咪的精力不能充分发泄，会加剧异食行为。请参考第6章，和猫咪互动玩耍。特别是要进行让猫咪捕捉猎物的游戏，在给予其满足感的同时改变之前的趣味对象。另外，可以使用响片训练，对猫咪产生精神刺激，从身心两方面帮助猫咪发泄精力。

准备猫咪吃进去也不要紧的东西

只准备猫草，问题有时候就迎刃而解了

猫咪吃塑料袋

🐾 问题

> **姓名：山姆**
>
> **性别：男**
>
> **年龄：3岁，已完成绝育**

　　山姆的事情让我很困扰。它是被遗弃的猫，5个月大的时候，我通过朋友介绍把它抱回家，开始养它。山姆本身是非常胆小害羞的，家中有客人来访的时候，它总是会藏起来1个小时左右。它对我很亲近，特别喜欢玩逗猫棒，我每天都跟它玩。

　　有一点不可思议的是，山姆只要见到塑料袋，就会用牙撕扯甚至吃掉。我给它的食物挺多的，我想它肯定不是因为饿了。为什么它会吃这种东西呢？

🐾 诊断

　　异食癖也称乱食症，原因尚未明确。山姆的情况仅限于吃塑料袋，可能是因为喜欢塑料袋中含有某种成分的气味和味道，也可能是喜欢袋子清脆的"哗啦"声，还可能因为山姆在被人遗弃的时候吃过这些。总之，不建议在家里随便放塑料袋。

🐾 对策

不仅是塑料袋，所有塑料材质的物品都包含让树脂变柔软的可塑剂，仅仅是舔它就有可能引发胃炎，如果大量吃下去，更会有引起肠闭塞的危险。所以，所有的塑料袋都要务必放在猫咪够不到的地方。

● 改善进食条件

把猫咪的食物换成富含食物纤维的干燥猫粮，并准备猫草。猫咪的天性就是把食物（猎物）分成很多份，一次吃一点。在不改变一天食物量的前提下，可增加喂食的次数。

比如，可以把猫粮藏起来，放进纸袋或空箱子里，把食物像馅一样圈起来。在纸袋或空箱子上开一个洞，只要一摇，食物会从洞里一点点掉出来。猫咪为吃到食物干劲十足，运动量也会相应增多。也可以用益智的猫咪漏食玩具喂猫咪。

● 改善环境，和猫咪互动玩耍

为了不让山姆无聊，应该创造能看到窗外的场所，这样，主人不在家时，山姆也可以眺望远方。利用垂直空间，让猫咪得到足够的运动。

为了让山姆获得满足感，可以采用逗猫棒之类的用具和它进行捕获猎物的游戏，早晚好好跟它玩两次（一次至少15分钟）。平时要花时间跟爱猫有充分的身体接触。

改变喂食方法

把塑料袋放到猫咪够不到的地方。在不改变喂食量的前提下，增加喂食次数。不要忘记相应减少每次的喂食量

5-5 关于活动性的问题行为

当猫咪的**活动**超过允许的范围时，比如早上和夜里走来走去，会让主人十分困扰。其实，自然界中的猫咪每天就是要花14.8%的时间，也就是3小时以上来寻找、靠近、捕获猎物。猫咪本身就有在早上和傍晚捕猎的习性。

因此，在室内养的猫咪，无论年龄大小，到了一定时间就会出现15～30分钟的活动高峰，其间，有些猫会有几分钟无比兴奋地在室内来回走动，有些猫在排便之后也会出现在房间里走动的现象，其中的原因目前还不知道。

受猫咪气质、年龄与健康的影响，不同猫咪的活动性也千差万别。**三个月大的幼崽猫和小猫，由于好奇心旺盛，探索行动和活动性也更加丰富。**要满足猫咪探索和运动的需求，给猫咪创造可以发泄精力的环境。

如果发现猫咪在活动性方面有异常，可能是其患有以下病症或行动障碍。

甲状腺功能亢进症

甲状腺功能亢进症是在猫咪内分泌系统疾病中最常见的病症之一。这种病症是因甲状腺中分泌的激素较多，造成机体代谢亢进和交感神经兴奋，继而引起心悸、出汗、进食和便次增多以及体重减轻的病症。

这种病的表现是：呼吸次数和心率节拍增加，血压上升，虽然比以前吃喝更多，但体重却在减轻，掉毛，并出现呕吐或腹泻。

患病猫咪在行为上的变化是：没法安静下来，活动性增加，有时还会出现带有攻击性的行为。

如果猫咪病症恶化，它所有的内脏器官会极度活跃，反而会使食欲和活动性低下，猫咪会看上去十分虚弱。这种情况在 8 岁以上的中老年猫咪身上较常见。如果中老年猫咪突然变得活跃，应该到宠物医院检查一下它的甲状腺激素。

为了猫咪忍受几分钟

猫咪会在一定的时间内（一般是晚上）在家中跑来跑去，这是它狩猎的本性，也是它发泄精力的方式。由于只有短短几分钟，主人可以让其尽情地跑

🐾 知觉过敏症

猫咪的知觉过敏症是一种比较常见的病症，但是原因依然未知。知觉过敏症也被称作背部起伏症候群，会出现以下几种症状：

❶ 背部痉挛。

❷ 过度理毛。

❸ 瞳孔扩张。

❹ 凝视一个点。

❺ 过度嚎叫。

❻ 对附近的人或物发动突然威吓或攻击。

❼ 过度地追着自己的尾巴跑。

❽ 突然在跑步的时候跳跃。

❾ 舔舐或咬自己身体的某个部位直到出血，做出伤害自己的行为。

猫咪的知觉过敏症是反复出现这样的异常行为或者活动过剩，但是因其症状多样，诊断起来十分困难。这种病多发于1～4岁的猫，在暹罗猫、缅甸猫、喜马拉雅猫和阿比西尼亚猫中较常见。发病的原因可能是神经疾病（脊髓与脑的异常和病症、中毒等）、皮肤病（皮肤炎、食物过敏、特异性反应等）、肌肉损伤、感染、癫痫的一种或常同行为和强迫症的一种。其发病时间只有几秒至几分钟。发病时，猫咪对声音与气味的刺激反应敏感，展示出攻击性。

🐾 多动障碍症

注意力散漫无法集中，没办法安静下来，不能控制感情……这些症状好多人应该都在提到注意力缺陷多动症（ADHD）时听说过。

近年来，也有猫和狗患这种病，其特征是它们在游戏时无法集中注意力，无法学习，无法放松，无法适应新情况，受到主人惩罚时会难以抑制兴奋状态、展示攻击性等。

患多动障碍症的猫咪没有狗多，而且很多症状也不明显。得这种病的原因可能是遗传因素和不充分的社会化。

与其他同龄猫相比，患有多动性障碍的猫从小时候开始（出生 4 个月后）就展示出过度的活动性，很难安静下来，有难以控制自己行为的倾向，做游戏也很难停下来，且没法集中精力玩一个游戏。外界有一点小刺激（声音之类的），它们就会马上睁开眼睛，对外部的刺激反应过激，睡觉的时间也会减少（与猫咪的年龄有关，一般在 12 小时以内）。它们还有抓挠、破坏东西的行为，会对主人进行游戏性进攻。

发现喵星人容易被各种游戏吸引的时候要注意

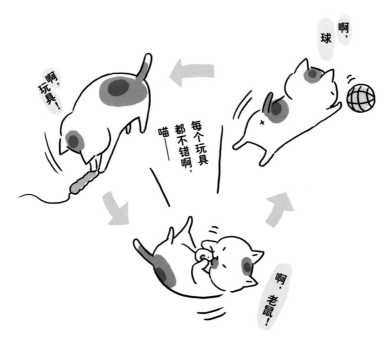

很难安静下来、没法集中精力的猫咪很可能患有多动障碍症

处理方法

满足猫咪的行为欲求是非常重要的，要为猫咪创造放松的环境。主人自己首先要是一个放松的态度，这与猫咪能否放松是息息相关的。主人平时要过规律、正常的生活，避免发生猫咪预测不到的状况，给猫咪带来压力。

● 主人应采取的态度

如果主人对猫咪大声喊叫、追赶猫咪或者对其进行训斥，会提高猫咪的兴奋度，起到反作用。主人应该始终平静地面对猫咪，在平时猫咪安静的时候，可以一边温柔地叫它的名字，一边抚摸表扬它。

● 改善环境

请参考第6章，为猫咪创造舒适的生活环境。利用纵向空间给猫咪提供运动的地方，理想的状况是有能让猫咪自由地跑来跑去的走廊、台阶等地方，即使它快跑也没有关系。危险的东西、会掉落或者易摔坏的东西要放在猫咪无法触及的地方；另外，要准备充足的磨爪场所。

● 和猫咪玩耍

为了满足猫咪的行为欲求，请参考第6章，创造和猫咪互动的玩耍时间，采取主动的进食方式。特别是要进行能满足猫咪狩猎需求的游戏，一天至少两次，一次15分钟，让猫咪能充分发泄能量。这个时候，为了不让猫咪抓或咬主人的手，要避免用手撩逗猫咪，避免让猫咪追捕主人的手，控制猫的兴奋度，游戏结束前要留出时间让猫咪放松。最后，要让猫咪捕捉到"猎物"，在它得到满足的时候结束游戏。也可以积极采用响片训练。

● **药物治疗**

如果猫咪患知觉过敏症，在不清楚原因的时候，要想办法减轻猫咪的压力，在改善环境和进行行动疗法的同时，根据其症状采用药物治疗（一般用抗癫痫药、抗抑郁药、抗不安药等），这样可以对症状起到缓解作用。

跟猫咪好好玩，消除欲求不满

让猫咪玩球类、逗猫棒、吊球等游戏，发泄精力

一到夜里就狂躁地跑来跑去

🐾 问题

> **姓名：虎斑**
>
> **性别：男**
>
> **年龄：1岁，已完成绝育**

虎斑大约从两三周前开始，一到夜里就在家里发狂地跑来跑去，搞得我挺头疼的。我们夫妻都有工作，平时白天有6个小时不在家，玩具之类的给它买了好多……

晚上卧室的门是关着的，虎斑在门口抓门，进卧室之后就在床上跑来跑去，连书架里放的东西都被它碰掉了，引起很大的动静。我让它进来是想让它安静睡觉的，没想到它却安静不下来。我们从白天到傍晚都不怎么理它，是因为这个原因吗？

🐾 诊断

这个是精力发泄不充分并想吸引主人关心的行为。猫咪本来就不是完全的夜间行动者，早上和稍微变暗时是猫咪最活跃的时候。

虎斑白天几乎没有主人照料，睡觉的时间很长。当主人回来的时候，会自然从无聊的时间中解放出来，进入活动的状态。虎斑才1岁左右，正是探索心旺盛的时候，对它来说，白天一直关着门的"禁地"——卧室有着极强的吸引力。虎斑想进卧室，和主人一起玩，同处一室，它一定是一天都在翘首盼望着主人归来。

😸 对策

主人不在的时候，也不要让虎斑感到无聊，应给它创造透过窗户能看到外面的场所，给它主动探索食物的"工作"。根据猫咪的兴趣，在瓦楞纸箱里放入安全物（酒瓶塞子、乒乓球、在纸团里包上猫粮），轻轻关上，满足猫咪的探索欲望。利用纵向空间，准备猫咪爬架，让猫能跳跃，以此增加虎斑的运动量。

主人回家之后，要创造跟猫咪身体接触和玩耍的时间。特别是在睡觉前（进卧室前），至少有15分钟让猫咪充分发泄精力，可以陪虎斑玩能满足其狩猎需求的游戏。

如果不想让虎斑进卧室，就要忍住，坚决不给它开门。整理卧室之后可以让它进来，尽情探索。这个时候，主人不要不安，要以沉着的态度应对。虎斑的探索行为会随着年龄的增加而更加沉稳。

最初兴奋异常，后来慢慢变得安静沉着

啪嗒啪嗒

几乎所有猫咪都能渐渐顺应人类的生活模式，这个时候如果从
身心上满足虎斑，它也能在卧室安静香甜地睡着

知识链接

德国式猫砂的妙用

德国市面上卖的猫砂是黏土矿物质，也有树木或植物纤维等天然材料，硅胶类等是主流。德国人向来有节俭意识，爱干净又善于打扫，他们利用猫砂能吸收水分和气味的特点，将猫砂巧妙地用于日常生活。

❶ 把少量猫砂放入有味道的鞋中，静置一晚上。第二天早上鞋中的气味会消失。这个时候当然要防止猫咪误在鞋里小便，要把鞋放在猫咪够不到的地方。

❷ 将少量猫砂放入冰箱、含有水分的垃圾箱或放尿布的垃圾箱中，作为除臭剂使用。

❸ 如果地板上撒了水分或油，撒上猫砂，一会儿再用扫帚扫走就可以了。

❹ 如果汽油漏出，也可以用猫砂吸附。

❺ 给房间里的观赏植物浇水的时候，把硅胶型的猫砂和植物的土混合后再浇水，这样，植物可以一点一点吸收水分，如果主人需要外出几天，也不用担心植物缺水。

❻ 把花放入盛有猫砂的容器中，两三日之后可以做成干花。

❼ 冬天下雪道路结冰的时候，在车上放些猫砂，特殊时期可以做防滑链。把少量的猫砂放入盘子置于车内，可以消除湿气。

❽ 将适量的猫砂（100％黏土）放入碗中，和热水混合，变成糊状后涂抹到脸和颈部，可以作为面膜使用，15分钟之后洗掉即可。这种面膜适合油性皮肤。

第6章

从具体事例来看处理方法

6-1 环境改善

　　这章是关于改善环境、为猫咪创造舒适的居住条件的内容，也会涉及行动疗法的理论和药物治疗内容。

　　如果猫咪出现问题行为，不管是什么样的问题，都可以首先从改善猫咪的生活环境做起，为猫咪创造更加丰富的环境。虽然猫咪是适应能力非常强的动物，但是各种小的不满会聚集起来也会产生问题行为。

　　主人要想办法满足猫咪的身心需求，把单调的生活环境打造成迎合猫咪趣味的丰富多彩的环境。事实上，一旦改善了环境，猫咪的问题行为常常会迎刃而解。

　　改善环境是指满足动物行为的需求，为其创造丰富多彩的生活环境。

　　不用考虑得太复杂，如果自己是猫咪，想一想在自然中我们都想做什么。"在附近走来走去探索""捕获猎物（老鼠、虫子、小鸟等）""闻着落叶的味道在上面打滚""和关系好的猫咪互相舔毛""在太阳下睡午觉""爬树"，等等。

　　开动脑筋，即使猫咪养在室内，也可以满足它的欲求，让它有更接近可以在外面跑的猫咪的生活环境。这完全取决于主人的努力程度。

　　具体来说，要从以下四点开始，逐步改善。

❶ **在空间上下功夫。**

和在室外生活的猫相比，养在室内的猫行动范围小，容易运动不足。因此，要立体地利用房间内的高度，打造令猫咪满意的空间。这

准备猫咪喜欢的各种"装备"

打造猫咪喜欢的房间。想象一下如果自己是猫咪，有什么东西能让我们开心

❶ 在空间上下功夫。

❷ 满足猫咪视觉、听觉和嗅觉上的需求。

❸ 让它和其他猫咪以及人类有充分的接触。

❹ 满足其狩猎本能（互动进食、和猫咪玩耍）。

个时候也要充分考虑猫咪的气质，比如给活泼的猫咪充足的运动空间，给胆小的猫咪安心的躲避场所。另外，也要考虑猫咪的年龄，比如为了让老年猫咪跳跃失败后也不会受伤，可以多增加几个跳台，减小跳台之间的距离，让猫咪能轻松地登上去。

● 既可以攀登又可以跑起来的运动空间

如果有猫咪可以充分跑起来的空间（走廊等）或者台阶是非常理想的。对于比较狭小的房间，可以好好利用一下纵向空间，比如书架和多屉柜高低平面的差异。也可以自己DIY一些小家具，自己动手创造空间。比如从家具店买一些木板，装在墙上高一些的地方，让猫咪可以跳跃或者在上面行走。可以根据猫咪的反应，花一周的时间安装这些装备。

如果房间允许，也可以在建材市场买一根木头柱子（高度根据天花板高度选择，粗度约为10厘米×10厘米），再买一些便宜的棕榈纤维垫子或麻布（麻绳）卷上去，放在距墙壁20厘米的地方。之后再买几个木板固定在墙上作为猫咪踏板，这样就做成了猫咪喜欢的爬树的场所。市场上也有卖能让猫咪上下运动、磨爪、隐蔽的猫咪爬架。

猫咪喜欢高的地方，是因为那样可以在喜欢的地方悠然自得地观察周围，不被打扰。和主人关系很好的猫咪想跟主人在同一高度，靠近其脸部来打招呼，这可能也是猫咪喜欢高的地方的原因。

● 能让猫咪安心的躲避和休息场所

猫咪喜欢视野良好、谁也不会来打扰却又很安全的地方。特别是家里饲养多只猫咪的时候，要给每一只猫咪准备可以安心休息的场所。猫咪对休息的地方很讲究，即使买了很贵的猫咪床，如果它不喜欢也是不会用的。

为猫咪打造喜欢的地方

从书架上拿走几本书，创造猫咪能进去的空间；准备篮子，在椅子上罩上毛巾被可以让猫咪躲藏。加工一下纸箱，给猫咪做一个隐藏的家也不错

创造猫咪休息的场所，不一定需要花钱，可以使用纸箱，也可以利用从书架上拿掉几本书后的空间，如果动脑筋的话，可以想到很多点子。在箱子里做通道，在椅子上罩上不要的毛巾被，既能刺激猫咪的探索心理，也为它提供了很好的躲避场所。

猫咪能比人类更早觉察并占用冬暖夏凉的地方。主人可以通过观察猫咪的样子很好地调解室温，特别是家里有老猫和小猫的时候。

● **磨爪的场所**

如果猫咪有喜欢的磨爪场所，可以把磨爪器或者可以磨爪的东西放在那里。

❷ **满足猫咪的视觉、听觉和嗅觉需求。**

● **窗户和阳台**

可以在窗户前放上不要的垫子等物品，给猫咪创造能看到外面的、它喜欢的观察场所，让它心情舒畅。这个时候别忘了在阳台上装上防止跌落的网。

● **设立水族馆**

如果主人喜欢养热带鱼之类的话，可以在房间内设立水族馆，让猫咪能开心地观赏。

从视觉、听觉和嗅觉上给予满足

防止猫咪跌落的网

在确保安全的前提下，如果能让猫咪进入阳台，它会非常高兴

● 电视和收音机

虽然是毁誉参半，但确实有猫咪会在主人不在家的时候打开收音机和电视机，这样会让它们更安心。也有意见表明，猫咪在看电视时，看到自己抓不到的猎物会让它们的欲求更加得不到满足，但是也有猫咪在看到有老鼠和小鸟登场的电视节目时会饶有兴致地观赏。

● 引入猫咪喜欢的味道

在纸箱内放入外面捡的树枝、干草、石块等物，猫咪在其中一边打滚一边享受气味。对新气味反应很敏感的猫咪可能会有尿液喷射的情况，可以看看猫咪的反应再进行尝试。

在纸箱中装入树枝和干草，或者让猫咪看电视

叶子

小树枝

小石头

有的猫咪喜欢看电视，也有的猫咪喜欢庭院盆景式的纸箱

另外，含有荆芥内酯的物质能让猫咪兴奋，如果在窗边或阳台上饲养猫薄荷或猫草，猫咪会被这种香味吸引并有摩擦、翻滚等反应。

如果把叶子（特别是猫薄荷）干燥后装到小布袋里，具有和葛枣猕猴桃一样让猫咪兴奋的效果，也会让其放松下来。至于猫咪是否有反应，主要和遗传及个体差异有关，有30%～50%的猫咪完全没有反应。当然，猫草（禾本科的草）可以一直给猫咪备着。

❸ **让它和其他猫咪以及人类有充分的接触。**

抚摸猫咪，跟它一起玩耍，花时间与猫咪进行充分的身体接触。

准备气味好闻的香草

猫薄荷

有的猫咪喜欢猫薄荷的气味

❹ **满足其狩猎本能。**

互动进食能满足猫咪活动身体的欲求，主人每天和猫咪玩耍，可以从身心上满足猫咪。对主人来说，跟猫咪一起玩也可以恢复精神，加深猫咪和主人的关系，真的是一举多得。

6-2　互动进食

　　自然界生活的猫平均一天会花三个半小时进行捕食（寻找猎物，捕获进食）。这样看来，室内饲养的猫咪也有这种捕食行为的欲求，应该予以满足。

　　互动进食不是单调地进食，而是要猫咪身脑并用，让它一边寻找食物一边吃。这样既能引起猫咪的好奇心，又能让它为了找食物努力奋斗，提高自身的满足感，还能增大运动量。

　　偶尔也要变换一下方式，不要把食物像平时一样放入猫碗中，可以尝试放进空箱、纸袋、鸡蛋盒等容器中。猫咪好奇心旺盛，这样能激发它的干劲。食物也可以分成多次给它，但一日的总量不变。

不要把食物简单地放进猫碗

猫食

食物一直都放进同一个碗，猫咪也是够够的了

想办法让猫咪不是那么容易就能吃到食物

食物＋益智玩具

可以使用市面上卖的漏食小杠铃、漏食球等

在市面上可以买到食物与游戏结合的益智玩具，它翻滚后会开一个小洞，食物会一点一点掉出。此外，还有漏食球、漏食器、漏食小杠铃等。

另外，即使不花钱，自己也可以动脑筋制作简单的道具。比如，在厨房用纸的芯儿上开一个洞（猫咪的手能进去的大小），把食物装进去，两端用纸等封住；或者将纸芯儿摆成金字塔形，把食物放进去。主人可以尽情地发挥创造力，为可爱的喵星人原创一些"作品"。

🐾 在猫咪喝水上下功夫

由于个性不同，猫咪的饮水习惯也千差万别，有从水龙头喝水的，有从洗脸盆里喝水的，有用手喝水的，有在水溢出时巧妙地喝水的……不只是对食物，猫咪有时对水也会产生兴趣，这是转换心情的表现。猫咪大量喝水还可以预防"泌尿器症候群"。

饮水用的碗可以放置在多处（稍微高一点的地方也可以），猫咪可以自己选择喜欢的场所，不需要和饭碗摆在一起。在市面上可以买到插入电源的循环式饮水器，可以考虑作为礼物送给猫咪，大部分的猫咪在看到它时都会兴致勃勃、跃跃欲试。

夏季，把金枪鱼罐头用水冲淡，冻成冰块，猫咪可以长时间开心地舔食。但是对于肠胃比较敏感的猫咪，如果出现消化不良的症状，就不要让它舔食冰块了。

不用花钱自己也可以动手做

可以使用纸袋子、空箱子、鸡蛋盒、厨房用纸或卫生间用纸
的芯儿等自己制作简单的道具。把厕所用纸的芯儿做成金字
塔形贴起来，或者用其将空鞋盒填满也是可以的

不要让猫咪水分不足，给予其充分的水源

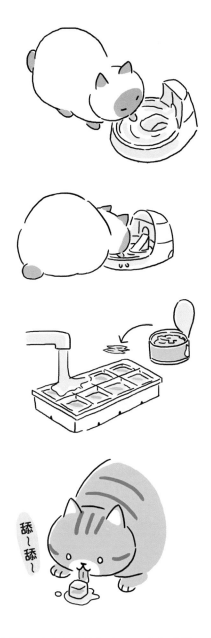

循环式饮水器对猫咪来说特别有趣，很多喵星人会经常使用。可以做带味道的冰块，给猫咪补充水分，但要注意卫生

6-3 和猫咪好好玩耍

市面上可以买到各种猫咪玩具。猫咪对一些特别贵的玩具会不屑一顾，某些不起眼的东西反而能引起它的兴趣。比如，一旦将铝箔和纸团、酒瓶塞子、乒乓球等扔出去，好多猫咪都会兴奋不已，如箭离弦般追出去，再捉回来。

不论猫咪的年龄和兴趣，如果主人能积极地与其玩耍，可以增近与猫咪的感情。捕捉游戏展现了猫咪的狩猎本能，一旦出现猎物，猫咪是没有办法安静的。不只是小猫或年轻猫咪的主人，中老年猫咪的主人也可以跟猫咪一起玩耍。

市面上可以买到各种各样的逗猫棒，用带子和橡胶做"猎物"，自己也可以动手制作逗猫棒。猫咪对较粗的带子等的运动有很大兴趣。

想一想自然界中猫咪喜欢的猎物（老鼠、蜥蜴、蛇、蚂蚱等昆虫，小鸟之类的），模拟每种猎物的动态。猫咪因个性不同，喜欢的猎物也不一样。在游戏的过程中，可以看出猫咪喜欢哪种游戏，也可能会发现它还拥有一些令人意想不到的技能。

满足猫咪，好好跟它玩耍

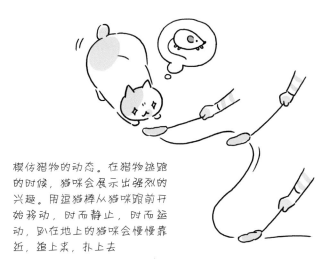

模仿猎物的动态。在猎物逃跑的时候，猫咪会展示出强烈的兴趣。用逗猫棒从猫咪跟前开始移动，时而静止，时而运动，趴在地上的猫咪会慢慢靠近，追上来，扑上去

在猎物将要逃到隐蔽处或钻进洞里的时候（即将看不见的瞬间），猫咪的兴趣最为强烈。利用纸箱和垫子，让猎物马上消失

猫咪在捕获猎物的瞬间会有强烈的满足感。等猫咪追够了，让它捕获猎物，得到满足

😺 和猫咪玩耍时的重要事项

❶ 猫咪一旦追人的手或脚，容易把手或脚当成猎物，需要避免。

❷ 不要使用含有有害涂料的材料，不适合用有毒的植物，避开塑料袋和头部锋利的玩具，否则容易让猫咪受伤或酿成事故。

❸ 游戏的时间应根据猫咪的性格和健康状况决定，以一次15分钟，一天两次以上为宜。为什么这样呢？因为猫咪捕老鼠的平均时间是15分钟左右，消耗精力之后需要休息一段时间。

❹ 控制猫咪的兴奋度，在游戏结束前进行放松运动。最后不要让猫咪受挫，一定要让猫咪抓到猎物，在它得到满足感的时候终结游戏。如果是用激光笔逗猫，可以用东西作为替代物让猫咪抓住。

❺ 为了不让猫咪丧失兴趣，可使用各种玩具轮流逗猫。玩过之后不要让猫咪误食（特别是带子之类的），所有的玩具都要放在猫咪够不到的地方。

老鼠玩具

猫咪喜欢的玩具之一

用各种玩具，不要让猫咪只玩一种，否则它会厌烦的

翻翻起舞

啃

乒乓球

在市面上可以买到各种逗猫棒。在逗猫棒或带子的一头绑上羽毛，或者是在弹力很好的钢丝一头固定纸卷，一只手拿着，让猫咪"翻翻起舞"（cat daner）。还可以在丙烯酸棒的一端装上羊毛制成的长带子等（cat charmer），比较粗的带子或绳子也可以。另外，把乒乓球放入水槽里，利用水让猫咪玩也非常推荐

6-4 学习理论

"你的喵星人每天都学习吗？""才没有呢，我家的猫每天只是在家吃饭睡觉。"估计这样回答的主人有不少。其实并不是这样。不管是什么样的猫咪，都是在不断学习的。

包含猫在内的动物，为了延续子孙后代，总要适应各种环境和状况。为了呈现最好的状态，猫咪会有意无意地不断努力、不停学习的。室内饲养的猫咪也是，它们会利用5种感觉（视觉、听觉、嗅觉、触觉和味觉）吸收各种刺激，并把这种刺激传递给大脑，根据情况判断自己要采取什么行动。

猫咪主要的学习方法，也就是3个基本的学习理论是习惯、经典性条件反射和工具性条件反射。

❶习惯。

猫咪在接触到陌生的刺激时（声音、气味、物体等），会本能地以为危险来临，自然会紧张害怕。但是要对每一个刺激都做出反应又太费精力，所以，这样的刺激来过几次之后，如果对安全不构成威胁，它就不会再对刺激产生反应了。这就是猫咪"习惯了"，习惯是最简单的学习理论。

❷经典性条件反射。

经典性条件反射也是重要的学习理论，即有名的"巴甫洛夫的狗"的实验。每次给狗送食物以前打开灯、响起铃声，这样反复一段时间以后，铃声一响或灯一亮，狗就开始分泌唾液。在日常生活中，巴甫洛夫实验的例子比比皆是。

在经典的条件反射中，讨厌的事物也会和紧张与不安联系起来。比如猫咪闻到宠物医院的味道或看到检查台时，就会联想到之前打针的疼痛，只要去宠物医院就会不安、害怕。

与开心的感情相比，引起不安与恐怖的刺激会更早形成条件反射，这是规避危险、保护自己安全的一种机制。感情和心境就是这样支配条件反射的。

❸工具性条件反射（操作制约）。

经典性条件反射是两种刺激引发的生理反应，和猫咪的自愿行为完全无关。工具性条件反射是猫咪自己采取的行为以及采取之后和周围反应的关联。

箱内放进一只猫咪，并设一杠杆或键，箱子的构造要尽可能排除一切外部刺激。猫咪在箱内可自由活动，当它压杠杆时，就会有一团食物掉进箱子下方的盘中，它就能吃到食物，之后，猫咪就会反复这样的行为。这就是有名的爱德华·桑代克的实验。

就像这样，猫咪自身采取某些行动，这种行为会和周围直接反应，然后猫咪会根据反应结果决定是否重复这种行为。如果行为的结果是好的，没有出现讨厌的事情，这样的行为就会自发地频繁出现；反之，如果发生讨厌的事情或者没有好事出现，这样的行为就不会再出现。

日常生活中，在主人摸猫的时候，猫咪反应"已经够了"，并开始焦躁不安，如果主人还是继续，猫咪可能会咬主人的手。当然这个时候主人会抽回手，马上停下来。但是这样做的结果是猫咪学到"咬人之后讨厌的事情就会停止"，之后再出现同样的情况时，猫咪咬人的频

经典性条件反射

无条件刺激　　　US=Unconditioned Stimulus
无条件反射　　　UR=Unconditioned Reflex
条件刺激　　　　CS=Conditioned Stimulus
条件反射　　　　CR=Conditioned Reflex

每当打开罐头的时候，猫咪已经习惯会有好吃的东西，所以即使打开了橘子罐头，开罐头的声音也会让猫咪联想到食物而流口水。流口水是无条件刺激（食物，US）引起的无条件反射（UR），本来只是中立的没有意义的刺激（开罐头的声音），如果多次重复之后，就会在脑中产生关联，开罐头的声音会变成条件刺激（CS），流口水也会变条件反射（CR）

率可能会增加。

根据工具性条件反射，主人可能在不知不觉中强化了猫咪的问题行为。猫咪记忆力超群，忍耐力又很强，只要主人在吃饭的时候给猫咪喂过一次鱼，那么之后再吃饭的时候，估计就少不了猫咪在一旁不断"喵喵"催促了。对猫咪来说，如果发生了好事，便会强化它的这项行为。

▌工具性条件反射理论

学习理论	增加（＋）	减少（－）
行为的频率增加	发生好的事情 正向增强	讨厌的事情减少 正向惩罚（惩罚I）
行为的频率减少	发生讨厌的事情 负向增强	好事减少 负向惩罚（惩罚II）

😺 行为疗法①

表扬、无视、惩罚、慢慢让它习惯、逆条件作用

行为疗法是在前面学习理论的基础上探究猫咪的心理，改正猫咪行为的方法。这并不难，之前讲过的处理方法中有些已经出现过多次了，这里再一次简单说明一下。

● 表扬

根据工具性条件反射的理论，"发生好的事情 ＝ 表扬猫咪"，主人可以用这种方式鼓励猫咪频繁做出自己希望的行为（强化）。"表扬"是顺应猫咪的希望、让它高兴的方式。

比如给它吃喜欢吃的食物、陪它玩喜欢的玩具、抚摸它等，其中最有效的是给猫咪最喜欢吃的食物或小零食。重要的是在猫咪展示

行为之后，不要错过表扬的时间点（理想的情况是在一秒以内进行表扬），这样才能提高猫咪的精神状态和动力。当然，奖励越大，猫咪下次的动力也会越强，这个跟人是一样的。

给予奖励的方式也是有讲究的。首先，**让主人满意的行为无论何时都要奖励**。但是如果猫咪已经理解，也确实可以做到，就没有必要每次都奖励了。奖励的频率应以三次表扬一次、五次夸奖一次不规则递减。可能听上去有点意外，跟每次都奖励相比，这样随机的表扬反而更能激起猫咪的期待："可能下次就能拿到奖励的食物了。"随机表扬更能强化猫咪的行为，达到主人想要的效果。这种"下次可能就……"的心态，和有些人怎么也戒不掉赌的心理有点类似。

与每次都给奖励相比，主人根据心情偶尔给猫咪一些小恩小惠，其期待会更加强烈，这种行为也就在主人的不知不觉中得到了强化。

● **无视**

根据工具性条件反射理论，猫咪在没有好事发生的时候，也就是没有成果的时候，会降低该行为的频率。对猫咪来说，被主人无视就是没有成果，会降低它采取该行为的频率。无视猫咪指的是"不看它、不跟它说话、不碰它"，并不是盲目地无视。请参考5-1对"'喵喵'地央求"的说明，在猫咪放弃之前无视它。

● **惩罚**

参考工具性条件反射理论，"发生讨厌的事情 ＝ 对猫咪的惩罚"，猫咪会减少该行为的频率。如果猫咪做了让主人困扰的事情，只要惩罚就会停止吗？其实并不是这么简单，需要把该行为和惩罚在猫咪的脑中连接起来：

让猫咪去"禁区"以外的地方

禁区

这里是OK的！！

奖励的
小零食

在这里待着
能得到好吃的
东西，喵！

猫咪特别喜欢站在高的地方观察。如果有不管怎么样都不能让猫咪上的
"禁区"（厨房做饭的料理台等），那就千万不要在这儿给猫咪爱吃的食物。
如果已经给过了，猫咪上料理台的时候，可以在旁边放个椅子之类的，在
上面放上奖励的食物。这样反复几次，让猫咪改正过来

❶ 为让猫咪停止该行为，采取适度的惩罚。

❷ 做该行为之后3秒内就要惩罚。

❸ 做该行为之后一定要惩罚。

上述这3点都需要满足。如果惩罚和该惩罚行为没有很好地结
合在一起，有时候猫咪会和附近的其他猫联系起来，可能发生对其
他猫咪的转嫁攻击。最大的问题是如果主人直接吓唬猫咪或者体罚

打压，可能会让猫咪觉得主人很可怕，**破坏猫咪和主人之间的信赖关系**。

也有主人不直接惩罚猫咪，而采用别的方式，比如大声吼一下吓唬猫咪，或者当猫咪经过时，用感应器控制喷射无害的液体。这些可能会在短时间内产生效果，但是猫咪是非常聪明的，它们可能很快就习惯了。从上面的理由来看，惩罚是不太合适的行动疗法。

● 慢慢习惯（系统性脱敏）

系统性脱敏是一种把令猫咪不安的刺激变成中立的刺激，让猫咪慢慢适应的疗法。重要的是猫咪在适应的过程中绝对不能受到刺激。刺激要从非常轻微、几乎感觉不到的程度开始，随着时间的推移，一

严禁体罚

体罚不仅收效甚微，还会破坏主人和猫咪之间的信赖关系，是最差的方式

点一点提高刺激的强度。

利用条件反射原理，把引发不安的刺激和触发快乐的事物（比如食物）建立联系并重复数次，这样就能不知不觉地将引发不安的刺激和快乐建立条件反射。把不安、害怕的感情变成诱发安心快乐的条件，这被称为"逆条件作用"。逆条件作用和系统脱敏法结合起来更有效果。比如猫咪很害怕特定的物体和声音，先从让它不会害怕和降低不安的程度开始（比如拉开距离或者降低强度），一点点增强刺激，同时反复给猫咪令它快乐的刺激（零食之类的），让两者建立新的联系，这就是逆条件作用的用法。让讨厌梳子的猫咪慢慢习惯、让和主人关系不好的猫咪逐渐习惯主人的时候也可以用这个方法。

行动疗法②

● 响片训练

响片是可以正好平放在手上的小巧道具，金属板可以发出"滴答"的声音。响片训练就是一个通过按钮产生声音信号的训练方式。

响片训练常见于对狗狗的训练，对猫咪也可以使用。响片训练可以开发猫咪思维，让它身心重振，也能发泄其精力。

响片训练并不是魔法训练，只是一种可以强化猫咪正确行为的有效方式。给予奖励的时候，为了增加正确行为的频率，总是发出"滴答"的短音，这是教导猫咪"做对了"！

这种声音和人的语言相似，不会被声音的差异和当时的心情左右，在离他们稍远点的地方也能发出响声。

另外，响片训练可以让猫咪思考"这样做响片就会发出声音"，使其愉快地学习。然后主人说："这样很好，OK!"时，也是在和猫咪进行有意义的交流。绝对不要强制让猫咪做动作。响片的声音不是为了把猫咪的注意力吸引到主人身上。

🐾 响片训练的方法

下面解说一下响片训练的操作方法。

❶ 在响片发出声音的时候，默默给猫咪食物，反复进行（重复10～20次）。这样是为了制造"响片的声音等于得到好吃的食物"这样的关联。这个时候，可以左手拿响片，右手给食物。之后，猫咪看到握着食物的右手，可能会过去舔。但是在持续训练后，猫咪的注意不仅在握着食物的手上，也会放在拿响片的手上，因为它在等响片发出声音。这也是在猫咪脑中建立了"响片的声音"和"食物"联系的证据。

❷ 然后让猫咪用鼻子碰棍子的一端（最初用指尖会更简单）。主人左手拿小棍和响片，棍子距猫咪的鼻头约10厘米。猫咪在这种情况下几乎都会用鼻子靠近小棍。在猫咪**鼻尖碰到棍子一端的瞬间**（一秒之内），让响片发声并给猫咪食物。这样反复操作几次。

❸ 猫咪会明白"鼻子碰到小棍就能得到食物"，可以采用"碰"这样的口令。猫咪的鼻尖碰触小棍的瞬间，说一声"**碰**"，让响片发声，然后给猫咪喂食。这样反复操作一段时间，猫咪就会明白"碰"的含义（接触小棍的一端）。

❹ 当猫咪完全理解口号后，可以减少响片的次数，并让响片**不规则地发声**（3次中有1次或5次中有1次）。如果没有响片只发**号令**，猫咪也去触碰小棍的话，就给予其奖励。如果猫咪记住了"碰"这样的口令，不用接触猫咪也可以对它进行诱导，比如让它从高处下来的时候。

用响片控制猫咪

　　在宠物商店可以买到各种类型的响片。只要能发出声音，什么类型都可以。也有专门为对声音敏感的猫咪准备的、可以调节音量的响片。没有响片的时候，用有滴答声的圆珠笔、用舌头顶住上颚弹一下发出声音也是可以的

　　用猫咪最喜欢的食物（猫粮）或零食作为奖励，只要是猫咪喜欢的，什么都可以，如果不是猫咪喜欢的食物是没有效果的。食物奖励的大小最好是一口就能吃进去的颗粒状。使用的食物或零食的量务必要从一天的总食量中扣除

卡嚓

重要的是：

- 进行响片训练的时候一定要给奖励。如果懒于表扬的话，训练就会失去作用。

- 如果猫咪没有兴趣，要马上停止。不要强迫猫咪，第二天可以重新尝试。猫咪需要特别集中精力，一次训练5分钟就足够了。

了解响片训练的操作方法

- 只有响片

滴答 = 没有效果 不想动

- 响片和食物

滴答 + = **有效果**

① 小棍子
↑
响片

② 滴答

③ もぐもぐ 碰 滴答 食物 おいしい♥
↑
好吃的东西

**如果猫咪可以理解，
就使用"碰"这样的口号**

碰

左手拿着小棍和响片。在猫咪的鼻尖和小棍接触的瞬间使用响片
并给猫咪食物。如果猫咪可以理解，就使用"碰"这样的口号

6-5 外激素疗法

如前面已经介绍过的，猫咪体内的各种分泌腺会分泌特有的外激素，在猫咪的交流中起着举足轻重的作用。

尤其是在猫咪蹭自己的脸、和其他猫咪蹭来蹭去或在人的手脚上蹭的时候，它脸颊周围的皮脂腺分泌的外激素对猫咪有安定效果，能让猫咪放松。

脸部外激素的成分现在可以分离出五种，从F1到F5。F2、F3和F4的功能已经非常明确，F3（费利威）和F4（费利友）可以通过人工合成并且已经商品化。

F3对猫咪因领地意识很强而到处喷洒尿液或磨爪标记有抑制效果。使用费利威可以减少猫咪尿液喷射和磨爪标记行为，同时增进猫咪食欲，有让猫咪放松的功效。所以，它适合在搬家等改变环境的场合或者猫咪压力增大时使用，可以为猫咪放松减压。另外，猫咪如果有可预测的短期不安状态，也可以使用F3平复它的心情，比如去宠物医院的前后可利用F3缓解猫咪在车上的紧张感，减少猫咪在路上去厕所的频率。F4可以改善猫咪之间以及猫咪与其他动物之间的关系，让它们更好地相处。

综上所述，费利威是"放松减压外激素"，费利友是"和平相处外激素"。费利威和费利友的效果还要看猫咪个体差异。

费利威有插座扩散器，也有喷雾式的。处理尿液喷射的时候，一定要彻底打扫喷射尿液的场所，最后用酒精擦拭，待酒精完全蒸发之后再直接喷射费利威。如果使用方法不当，会使尿液喷射的行为进一

适合尝试费利威和费利友的场合

费利威适合在以下情况中使用
→让猫咪停止尿液喷射
→让猫咪不在不合适的地方磨爪
→减轻环境变化带来的压力
→减轻饲养多只猫咪产生的压力
→减轻移动时的压力和不安

费利友适合在以下场合使用
→迎接新猫咪或其他动物
→给猫咪做护理（梳毛或剪指甲）等时候

步恶化，一定要注意。

为防止猫咪的标记行为，可以在尿液喷射的场所一天喷一次费利威，也可以在猫咪磨爪的场所喷射。其效果不一定会立竿见影，要坚持30天左右才会看到成效。另外，在喷射费利威的时候，需要让猫咪从这个房间里出去，等完全干了之后（大约过去15分钟）再让猫咪进来。

饲养多只猫咪的时候，可以在尿液喷射的场所一天使用2~3次费利威，或者在尿液喷射的房间使用扩散器。其作用范围在70米^{2}以内，效果能持续大约4周。扩散器也可以和喷雾一起使用。

另外，为减轻搬家或大环境改变带来的压力，可以提前20分钟在便携笼子的内部直接喷射费利威。为减轻饲养多只猫咪伴随的压力，可以在猫咪经常待的房间使用扩散器。

在迎接新猫咪等场合，适合使用费利友。可以在自己的手掌上直

插座式的使用起来简单方便

费利威

对于有些猫咪，适合使用费利威

接喷两次，好好摩擦手掌和手腕之后，在距离猫咪20厘米的地方挥挥手，大约等1分钟看看猫咪的样子再触摸它。

因为有些猫咪会对这种气味表现出进攻式态度，所以要看看猫咪的情况再行动。如果有必要，需要中断计划。如果要给猫咪梳毛，也可以用这种方式。

在给家中的猫咪介绍新猫咪或其他动物的时候，可以在新成员的身体上用费利友。但绝对不能将其直接喷射到动物身上，请务必先喷到自己手上，然后用手接触动物的身体。费利友和前面提到的减轻压力的费利威扩散器可以一起使用。

拓展阅读

药物治疗

　　第2章到第5章阐述的猫咪的问题行为，几乎都可以通过改善环境以及行动疗法解决。此外，人类治疗精神疾病用的抗抑郁或者抗焦虑药等用在宠物身上治疗问题行为也是有效的，近年来的各种研究成果表明了这点。接下来就简单说明一下。

　　猫咪的问题行为和异常行为，如果是因为个体的遗传因素以及脑内的神经传达物质的传达障碍所致，即使再努力给猫咪创造理想的环境，也达不到理想的效果，比如常同行为、过度的不安症等。

　　如果长此以往，猫咪持续紧张和不安的状态会对其健康产生影响，身体会出现病症甚至给猫及其主人的日常生活造成障碍。一定时间内的药物治疗也是选择之一，效果也是值得期待的。

　　包含猫咪在内的哺乳动物通过感受器官（眼、耳、鼻等）吸收各种刺激，这种刺激从神经细胞开始释放神经传达物质，并把信号传达给下一个神经细胞。在大脑扁桃体的边缘系中分布着很多神经细胞，会产生喜怒哀乐等感情并支配其行为。

　　神经传达物质（血清素、去甲肾上腺素、多巴胺和γ-氨基丁酸）如果不足会出现各种问题。抗抑郁或抗焦虑药可以很好地调节脑内神经细胞传达物质的量，对感情、思考、记忆和学习过程有促进作用，所以用这些药物来治疗问题行为是很有效果的。

　　然而，药物治疗总要和改善环境以及行动疗法配合使用，目的是缓解猫咪的不安情绪，让猫咪的思考和学习不再有障碍，而绝对不是用药让猫咪安静下来。

　　猫咪的紧张感若能平复下来，主人也能放松地对待猫咪，这是问题能早日解决的关键。如果只是单纯的药物治疗，一旦停药后就有可能再度复发，是没有什么意义的。

😺 给猫咪使用人吃的药

　　这个领域用的药不是专门为宠物开发的，全部是给人用的处方药。即使患同一种症状，由于猫咪个体的差异，用药也会产生不同的药效和副作用。兽医要考虑猫咪的年龄和健康状况，在用药期间，和主人经常交流，慎重控制使用量。

　　有需要长期服用才能看到效果的药，也有要和其他药物配合使用的药。如果吃药本身对猫咪和主人都是一种压力的话就得不偿失了，一定

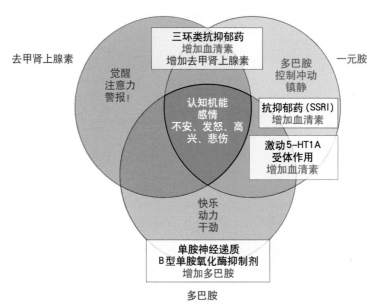

三种神经传达物质的主要作用和药效

神经传达物质的量之间的平衡非常重要，太多或太少都不合适

要让专门的兽医师检查诊断，了解服药的方法和副作用后再用药。

苯二氮类药物对中枢神经系统有着广泛的抑制作用，在德国经常被用来缓解旅行时的压力和短期的不安状态（打雷、节日的烟火声、去宠物医院等）。很早之前就开始使用的苯二氮类药物有增强抑制性递质γ-氨基丁酸（GABA）的作用，会产生镇静和抗惊厥等效果。

调节血清素以及去甲肾上腺素的氯米帕明能够缓解不安情绪，可作为猫咪的处方药。氯米帕明首先在德国取得了作为治疗狗狗问题行为（分离不安症）的许可。

现在，氟西汀和氟伏沙明被用来治疗各种猫咪的问题行为。这些药只是调节血清素，与传统的抗抑郁药相比，副作用更少。特别是对猫咪来说，因为很苦，让其咽下氯米帕明十分困难，而这两种药对猫咪来说更容易下咽。

治疗猫咪问题行为主要的药品

药的种类	药品名称	使用例
三环类抗抑郁药	氯米帕明 阿米替林	（不安与特性膀胱炎引起的）尿液喷射、分离不安症、常同行为（心因性过度理毛与知觉过敏症）
选择性5-羟色胺再摄取抑制剂	氟西汀 氟伏沙明	（不安引起的）尿液喷射、（不安引起的）攻击性行为、常同行为（心因性过度理毛与知觉过敏症）
B型单胺氧化酶抑制剂	司来吉兰	认知机能障碍（老年猫咪夜晚嚎叫）
激动5-HT1A受体作用	丁螺环酮	（不安引起的）尿液喷射、不安症
苯二氮䓬类药物	奥沙西泮 阿普唑仑	可预测的短期不安（烟花爆竹、打雷以及坐车）
抗癫痫药 巴比妥类药物	苯巴比妥	常同行为（知觉过敏症）

同样可以调节血清素的还有丁螺环酮，这是一种比较新的抗抑郁药。另外，司来吉兰可以调节多巴胺，对老年猫咪的认知机能障碍症很有效果。

有抗焦虑效果的Zylkene

氨基酸L-色氨酸虽然不是药，只是营养辅助食品，但配合使用也有缓解压力的效果。2007年，一种名叫Zylkene的营养辅助食品中含有一种被称为α-s1 tryptic casein肽的物质，对猫狗有抗焦躁的效果。

图书在版编目（CIP）数据

新手养猫秘籍：铲屎官爱宠问题全解／（日）壹岐
田鹤子著；崔灿译 . —北京：中国农业出版社，
2021.6
　　（我的宠物书）
　　ISBN　978-7-109-27084-8

Ⅰ．①新…　Ⅱ．①壹…　②崔…　Ⅲ．①猫－驯养－问
题解答　Ⅳ．① S829.3-44

中国版本图书馆 CIP 数据核字（2020）第 127512 号

Nekono'komatta!' wokaiketsusuru
Copyright © 2012 Tazuko Iki
Originally published in Japan by SB Creative Corp.
Chinese (in simplified character only) translation rights arranged with
SB Creative Corp., Tokyo through CREEK & RIVER Co., Ltd.
All rights reserved.

本书中文版由 SB Creative 株式会社授权中国农业出版社独家出版发行，本书内
容的任何部分，事先未经出版者书面许可，不得以任何方式或手段刊载。

合同登记号：图字 01-2019-5712 号

新手养猫秘籍：铲屎官爱宠问题全解
XINSHOU YANGMAO MIJI: CHANSHIGUAN AICHONG WENTI QUANJIE

中国农业出版社出版
地址：北京市朝阳区麦子店街 18 号楼
邮编：100125
责任编辑：王庆宁　刘昊阳
责任校对：吴丽婷
印刷：北京缤索印刷有限公司
版次：2021 年 6 月第 1 版
印次：2021 年 6 月第 1 次印刷
发行：新华书店北京发行所发行
开本：710mm×1000mm　　1/16
印张：14.25
字数：340 千字
定价：68.00 元

版权所有·侵权必究
凡购买本社图书，如有印装质量问题，我社负责调换。
服务电话：010-59195115　010-59194918